Introduction à la statistique descriptive

Cours et exercices avec tableur

Lucien LEBOUCHER
Marie-José VOISIN

CÉPADUÈS-ÉDITIONS
111, rue Nicolas Vauquelin
31100 Toulouse – France
Tél. : 05 61 40 57 36 – Fax : 05 61 41 79 89
www.cepadues.com
Courriel : cepadues@cepadues.com
Coordonnées GPS en WGS 84
N 43° 34'43,2''
E 001° 24'21,5''

Chez le même éditeur

Derniers titres parus :

Algèbre Linéaire 4e édition .... *Grifone J.*
Méthodes Mathématiques Première S, Analyse .... *Cintract B., Marc N.*
Espaces Vectoriels, Applications Linéaires .... *Colin J.-J., Morvan J.-M.*
Arithmétique Modulaire et Cryptologie .... *Meunier P.*
Structures Algébriques Élémentaires, Arithmétique .... *Colin J.-J., Morvan J-M. et R.*
Calcul sans retenue. Préface d'André Deledicq .... *Chiocca M.*
Séries numériques .... *de Segonzac M., Monna G., Morvan J.-M.*
Pratiques Mathématiques : autour des Dérivées. Thèmes, exercices et problèmes .... *Groux R.*
Limites, applications continues : Introduction à la topologie .... *Sondaz D., Morvan R.*
La Démarche Statistique .... *Prum B.*
Topologie des espaces vectoriels normés .... *Colin J.-J., Morvan J.-M. et R.*
Cours d'Analyse fonctionnelle et complexe. 2e édition .... *Caumel Y.*
Calcul différentiel. Cours et exercices corrigés. 2e édition .... *Todjihounde L.*
Analyse variationnelle et Optimisation,
éléments de cours, exercices et problèmes corrigés .... *Azé D., Hiriart-Urruty J.-B.*
Pratiques Mathématiques : Les Fonctions Spéciales vues par les problèmes .... *Groux R., Soulat P.*
Intégration - Calcul des primitives,
exercices corrigés avec rappels de cours .... *Colin J.-J., Morvan J.-M. et R.*
Dualité, Formes quadratiques, Formes hermitiennes,
exercices corrigés avec rappels de cours .... *Boucetta M., Morvan R.*
Problèmes de Mathématiques tome 3, Algèbre linéaire .... *Monna G., Morvan R.*
Ensembles, Relations, Applications, Dénombrement,
exercices corrigés avec rappels de cours .... *Cintract B., Colin J.-J.*
Pratiques Mathématiques : principes généraux
et méthodes fondamentales pour et après le BAC .... *Groux R.*
Introduction à la Topologie, Espaces normés, métriques, topologiques .... *Sondaz D., Morvan R.*
Formules de Taylor, Développements limités
exercices corrigés avec rappels de cours .... *Colin J.-J., Morvan J.-M. et R.*

ISBN : 978.2.85428.967.1

Dépôt légal : août 2011

SOMMAIRE

AVANT-PROPOS 9

CHAPITRE 1 : INTRODUCTION 11

1. Notions de base 11

1.1. Populations et unités statistiques 11

1.2. Caractères 12

1.2.1. Définition 12
1.2.2. Caractères qualitatifs et quantitatifs 12
1.2.3. Caractères discrets et caractères continus 13

1.3. Effectifs et fréquences 13

1.4. Représentations graphiques 16

1.4.1. Représentations graphiques des caractères qualitatifs 16
1.4.2. Représentations graphiques des caractères quantitatifs 21
1.4.2.1. Représentation graphique des caractères discrets 21
1.4.2.2. Représentation graphique des caractères continus 23

2. Commenter un tableau 25

3. Annexe : propriétés de l'opérateur somme 34

CHAPITRE 2 : INDICATEURS 35

1. Médiane, étendue et quantiles 35

1.1. La médiane 35

1.1.1. Définition 35
1.1.2. Propriété 36
1.1.3. La médiale : une médiane particulière 37
1.1.4. Limites de la médiane 38

1.2. L'étendue 39

1.3. Les déciles 40

1.4. Les quartiles et les quantiles 43

1.5. Les caractéristiques de concentration 44

1.5.1. La courbe de concentration ou courbe de Lorenz 44
1.5.2. Le coefficient de Gini 53
1.5.2.1. Définition 53
1.5.2.2. Méthode de calcul du coefficient de Gini : 53

2. Moyenne et écart-type 53

2.1. La moyenne arithmétique : définition 53

2.2. Propriétés de la moyenne arithmétique 58
2.2.1. La moyenne arithmétique est linéaire 58
2.2.2. La somme des écarts à la moyenne est nulle 58
2.2.3. Effets de structure 59

2.3. Les autres moyennes 64
2.3.1. La moyenne géométrique 64
2.3.1.2. Définition 64
2.3.2.2. Propriétés 65
2.3.2. La moyenne harmonique 66
2.3.3. La moyenne quadratique 67

2.4. La variance et l'écart-type 69
2.4.1. Définitions 69
2.4.2. Propriétés de la variance et de l'écart-type 70
2.4.2.1. multiplication par une constante 70
2.4.2.2. addition d'une constante 71
2.4.2.3. transformation linéaire 71
2.4.3. Le coefficient de variation 71

3. Indices et taux de variation 75

3.1. Les indices élémentaires 75
3.1.1. Définition 75
3.1.2. Propriétés des indices élémentaires 76
3.1.2.1. Donnée de référence 76
3.1.2.2. Les indices élémentaires sont transférables 76
3.1.2.3. Les indices élémentaires sont réversibles 77

3. 2. Taux de variation 81

3.3. Opérations sur les variations. 85
3.3.1. Addition et soustraction 85
3.3.2. Différence entre point et pourcentage 87

3.3.3. Les taux de variation ne sont pas réversibles........................87

3.4. Taux de croissance moyen et multiplicateur annuel moyen........88

3.4.1. Taux de croissance moyen........................88

3.4.2. Multiplicateur annuel et taux de croissance annuel moyen..89

4. Annexes........................96

4.1. Le mode........................96

4.2. Généralisation de la notion de moyenne........................97

CHAPITRE 3 : ASSOCIATION DE VARIABLES........................99

1. Nuages de points........................99

1.1. Construction d'un nuage de points........................99

1.1.1. Exemple 1........................99

1.1.2. Exemple 2........................101

1.2. Notion de modèle........................102

1.3. Rappels sur les fonctions........................104

1.3.1. Équation d'une droite........................104

1.3.2. Fonction logarithme népérien........................106

1.3.3. Fonction exponentielle........................106

1.3.4. Fonction puissance........................112

1.3.5. Fonction puissance négative........................115

2. Régression........................120

2.1. Régression linéaire........................120

2.2. Régressions linéaires de nuages non linéaires........................124

2.2.1. Introduction........................124

2.2.2. Ajustement à une fonction exponentielle........................125

2.2.3. Ajustement à une fonction puissance........................125

2.2.4. Ajustement à une fonction logarithme........................126

3. Coefficient de détermination et coefficient de corrélation........................131

3.1. Le coefficient de détermination........................131

3.2. Le coefficient de corrélation linéaire........................134

3.3. Interprétation du coefficient de corrélation linéaire et du coefficient de détermination........................135

3.3.1. Signe du coefficient de corrélation 135
3.3.2. Coefficient de corrélation et coefficient de détermination . 136

4. Élasticité 155

5. Le coefficient de corrélation de Spearman 157

5.1. Principe *157*

5.2. Calcul *158*

5.3. Traitement des ex aequo *161*

6. Annexes 164

6.1. La méthode des moindres carrés *164*

6. 2. Covariance et pente de la droite des moindres carrés *167*
6.2.1. Formule développée de la covariance 167
6.2.2. Pente de la droite des moindres carrés 167

6.3. Formulation du coefficient de corrélation *168*

6.4. Le coefficient de corrélation dans le cas de nuages linéarisés . *169*

CHAPITRE 4 : SÉRIES CHRONOLOGIQUES 171

1. Introduction 171

2. Modélisation 173

2.1. Modélisation de la tendance *176*

2.2. Modélisation des variations saisonnières *184*

INDEX 207

L'Éditeur remercie Bernard Prum, Professeur à l'Université d'Évry de la relecture qu'il a faite de cet ouvrage.

AVANT-PROPOS

Ce livre est une introduction à la statistique descriptive. Il s'adresse plus particulièrement aux étudiants en sciences humaines et sociales de première et deuxième année de licence. Il peut également être utile à toute personne conduite à utiliser des données statistiques, qu'il s'agisse de faire un rapport ou de rédiger un mémoire.

Il a été conçu pour être accessible au plus grand nombre. L'outil mathématique a été réduit autant que possible et les développements qui ne sont pas indispensables ont été placés en annexe.

Les exercices, fondés le plus souvent sur des données réelles, sont réalisés avec un tableur. Nous avons choisi cet outil, car il est simple d'utilisation et disponible sur tous les ordinateurs. Il est beaucoup moins complexe qu'un logiciel de statistique et offre beaucoup plus de possibilités qu'une calculette.

Nous proposons un apprentissage par la pratique. L'utilisateur est guidé dans la réalisation des exercices, ce qui lui permet de les faire sans rencontrer de difficultés insurmontables. De cette façon, il acquiert un bagage de connaissances et de savoir-faire qui lui permettront, le jour où il sera en situation de traiter des données statistiques, de disposer des outils adaptés, de penser à les utiliser et de savoir s'en servir. Notre méthode est le fruit d'une longue pratique et elle a été utilisée avec un public étudiant varié, ce qui a permis de la roder et de l'améliorer.

Les cours et exercices sont organisés en quatre chapitres :

- présentation des données statistiques ;

- indicateurs statistiques concernant l'étude d'une variable (position, dispersion, indices, concentration) ;

- étude de distributions statistiques à deux variables (régression, corrélation) ;

- étude de séries chronologiques.

Les données nécessaires à la réalisation des exercices figurent dans des fichiers. À chacun des chapitres, sont associés deux classeurs correspondant aux énoncés et aux corrigés des exercices. Ainsi, on trouvera les énoncés dans les classeurs introduction-énoncés.xls, indicateurs-énoncés.xls, nuages-énoncés.xls et chronos-énoncés.xls, correspondant aux quatre chapitres du livre ; les corrigés se trouvent dans les classeurs introduction-corrigés.xls, indicateurs-corrigés.xls, nuages-corrrigés.xls et chronos-corrigés.xls.

Ces classeurs sont accessibles en ligne, sur le site de l'éditeur, dans la version Excel 2000, qui peut être lue par le tableur Calc des suites Libreoffice et OpenOffice ainsi que par les versions plus récentes du tableur Excel.

Les indications concernant les tableurs figurent en encadré dans le texte.

À ceux qui désirent aller plus loin dans la connaissance des statistiques, nous indiquons l'ouvrage de référence : Gérard Calot, 1965, *Cours de statistique descriptive*, Paris, Dunod (rééd. 1973).

Enfin, nous remercions les auteurs suivants dont nous avons consulté les ouvrages : David R. Anderson, Gérard Baillargeon, Olivier Blanc, Étienne Bressoud, Pascal Chareille, Cuthbert Daniel, Adriaan D. De Groot, Jay Devore, Jean Dubos, Gérard Duthil, Mary Gergen, Stanton A. Glanz, Bernard Guerrien, David C. Howell, Gundmund R. Iversen, Michel Janvier, Jean-Claude Kahané, Walder Masiéri, Steven Nahmias, Roxy Peck, Yves Pinault, Bernard Py, Alain Schärlig, Gary Smith, Patrick Suppes, Dennis J. Sweeney, Dominique Vanhaecke, Rand R. Wilcox, Thomas A. Williams, Fred Wood, Ronald J. Wonnacott, Thomas H. Wonnacott, Joseph L. Zinnes, ainsi que les personnes qui ont relu notre manuscrit.

CHAPITRE 1 : INTRODUCTION

1. Notions de base

Nous allons commencer par définir les termes utilisés en statistiques pour désigner les observations chiffrées.

1.1. Populations et unités statistiques

En statistique, on travaille sur des populations. Ce terme vient du fait que la démographie, étude des populations humaines, a occupé une place centrale aux débuts de la statistique, notamment au travers des recensements de population.

Mais, en statistique, le terme de population s'applique à tout objet statistique étudié, qu'il s'agisse d'étudiants (d'une université ou d'un pays), de ménages (pour employer un terme utilisé en comptabilité nationale), du parc de micro-ordinateurs dans une entreprise ou de n'importe quel autre ensemble sur lequel on fait des observations statistiques.

Une population est composée d'individus. Les individus qui composent une population statistique sont appelés unités statistiques.

Par exemple si l'on veut faire des observations chiffrées sur l'ensemble des étudiants composant un amphithéâtre, la population statistique étudiée est cet ensemble d'étudiants, chaque étudiant étant une unité statistique.

La statistique étudie les caractéristiques des individus. C'est donc sur eux que portent les observations. Mais elle ne s'intéresse pas aux individus en tant que tels ; elle s'y intéresse seulement dans la mesure où ils contribuent à une meilleure connaissance de la population, puisque la statistique « descriptive », comme son nom l'indique cherche à décrire une population donnée.

1.2. Caractères

1.2.1. Définition

Pour étudier une population, le statisticien ne retient que les caractères qui l'intéressent, un caractère étant une variable qui caractérise les individus de cette population.

Ainsi, si l'on s'intéresse à la population des étudiants d'un amphithéâtre, on peut le faire d'un point de vue démographique (c'est le cas par exemple, si l'on s'intéresse à l'âge des étudiants), d'un point de vue économique, quand par exemple on s'intéresse aux revenus des étudiants, d'un point de vue sociologique (en s'intéressant aux loisirs des étudiants), d'un point de vue anthropométrique (en s'intéressant à la taille) ou de tout autre point de vue.

Dans chaque exemple cité, c'est un caractère différent qui est étudié : âge, revenus, loisirs, taille.

Dans une population donnée, un caractère peut varier d'un individu à l'autre. On dit que ce caractère présente différentes modalités.

Si l'on étudie la population des étudiants d'un amphithéâtre et que le caractère étudié est l'âge, les modalités du caractère seront 18 ans, 19 ans, 20 ans, etc.

Si l'on étudie une population de voitures et que le caractère étudié est la couleur, les modalités du caractère seront des couleurs : bleu, vert, blanc, etc.

On emploie également le terme de variable statistique pour désigner un caractère, les modalités du caractère étant les valeurs prises par cette variable.

1.2.2. Caractères qualitatifs et quantitatifs

Il existe deux grandes catégories de caractères : les caractères qualitatifs et les caractères quantitatifs.

Les caractères qualitatifs sont ceux dont les modalités ne peuvent pas être ordonnées c'est-à-dire que si l'on considère deux caractères pris au hasard, on ne peut pas dire de l'un des caractères qu'il est inférieur ou égal à l'autre. Ainsi, la catégorie socioprofessionnelle des individus d'une population donnée (artisan, ouvrier, etc.) est un caractère qualitatif, la situation matrimoniale (célibataire, veuf, etc.) aussi. On appelle également caractères nominaux, les caractères qualitatifs.

Les caractères quantitatifs sont des caractères dont les modalités peuvent être ordonnées. Ainsi, l'âge, l'espérance de vie ou le salaire d'un individu sont des caractères quantitatifs.

Au sein des caractères quantitatifs, on peut distinguer les caractères mesurables des caractères dont on peut ordonner les modalités sans que celles-ci ne soient mesurables. Par exemple l'évaluation de la qualité d'un produit avec cinq modalités : très bon, bon, passable, mauvais, très mauvais. On peut faire des opérations algébriques (addition, division, etc.) sur les caractères mesurables, alors que l'on ne peut pas les faire sur les caractères non mesurables. On appelle également variables ordinales, les variables quantitatives que l'on peut seulement ordonner.

1.2.3. Caractères discrets et caractères continus

Selon la forme des valeurs de la variable, on distingue deux types de caractères quantitatifs, ceux qui sont discrets et ceux qui sont continus.

Les caractères discrets sont ceux dont le nombre de modalités est fini ou dénombrable. Leurs valeurs peuvent être ou non des nombres entiers : Le nombre de pages d'un livre, le nombre de personnes dans une famille, sont des caractères discrets, mais également, le nombre d'unités de consommation dans un ménage qui est mesuré à l'aide d'échelles de consommation. Ainsi l'échelle de consommation de l'OCDE considère qu'un ménage à un adulte compte pour une unité de consommation, un ménage à deux adultes pour 1,5 unité de consommation, chaque enfant mineur pour 0,3 unité de consommation, un ménage avec deux adultes et deux enfants compte pour 2,1 unités de consommation.

Les caractères continus sont ceux qui ont une infinité de modalités.

1.3. Effectifs et fréquences

Définition :

L'effectif total est le nombre d'individus appartenant à la population statistique étudiée. L'effectif total sera noté N.

Exemple :

Considérons un groupe comprenant trente étudiants et observons l'âge des étudiants dans cette population.

L'effectif total de la population statistique étudiée est trente ($N = 30$).

Définition et notation :

L'effectif d'une modalité x_i d'un caractère x est le nombre d'individus présentant cette modalité.

L'effectif correspondant à la ième modalité du caractère x est noté n_i.

Exemple :

Considérons de nouveau le groupe de trente étudiants et construisons un tableau pour regrouper les différentes informations que l'on a sur leur âge.

La première information que l'on va noter dans ce tableau est l'effectif de chaque âge observé.

Âge de 30 étudiants d'un groupe de TD

Âge	Effectif n_i
18	2
19	4
20	10
21	11
22	3
Total	30

Propriété et notation :

De façon générale, pour une variable qui a k modalités, l'effectif total N est égal à la somme des effectifs de chaque modalité du caractère, ce que l'on peut écrire :

$n_1 + n_2 + \ldots + n_k = N$ pour une variable qui a k modalités.

Pour simplifier l'écriture, on note cette somme $n_1 + n_2 + \ldots + n_k = \sum_{i=1}^{k} n_i$

Cette notation se lit somme des n_i pour i variant de 1 à k

De façon générale la notation $\sum_{i=1}^{n} a_i$ se lit somme des a_i pour i variant de 1 à n et signifie que l'on ajoute les a_i en faisant varier i de 1 en 1 en partant de la borne inférieure i=1 et en allant jusqu'à la borne supérieure i=n, les bornes inférieure et supérieure étant respectivement mentionnées en dessous et au-dessus du signe Σ qui se lit « somme » et correspond à la lettre grecque sigma.

$$\sum_{i=1}^{n} a_i = a_1 + a_2 + \ldots + a_n$$

Nous reviendrons en fin de chapitre sur les propriétés de l'opérateur somme (cf. annexe en fin de chapitre).

En ce qui concerne les effectifs, on a donc :

$\sum_{i=1}^{k} n_i = N$ pour une variable présentant k modalités.

Définition :

Les modalités d'un caractère variant de 1 à k, l'effectif cumulé d'une modalité i est le nombre d'individus de la population présentant une modalité d'indice inférieur ou égal à i.

Exemple :

Âge	Effectif n_i	Effectif cumulé
18	2	2
19	4	6
20	10	16
21	11	27
22	3	30
Total	30	

Définition :

La fréquence d'une modalité est la proportion d'individus de la population totale qui présentent cette modalité : elle est obtenue en divisant l'effectif de cette modalité du caractère par l'effectif total et notée f_i, soit :

$$f_i = \frac{n_i}{N}$$

Exemple :

Considérons l'exemple du groupe de trente étudiants. On a regroupé les fréquences correspondant à l'âge des étudiants dans le tableau suivant :

Âge	Effectif n_i	Fréquence f_i
18	2	2/30=0,067
19	4	4/30=0,133
20	10	10/30=0,333
21	11	11/30=0,367
22	3	3/30=0,100
Total	30	30/30=1

1.4. Représentations graphiques

1.4.1. Représentations graphiques des caractères qualitatifs

Les modalités d'un caractère qualitatif n'étant pas ordonnées, on les représente généralement par des graphiques qui utilisent des surfaces : représentation en cercle ou demi-cercle, carrés, tuyaux, etc. ou des volumes : sphères, cônes, cylindres, etc. Comme on ne peut pas ordonner les caractères qualitatifs, on ne peut pas leur appliquer les techniques de calcul utilisées avec les nombres, c'est-à-dire que l'on ne peut pas en donner un résumé par quelques chiffres significatifs. L'étude graphique constitue donc une partie importante de l'analyse de ce type de caractères.

Exemple :

Si on étudie la répartition des actifs occupés en France selon la catégorie socioprofessionnelle, on a les chiffres suivants (*source INSEE, Enquête Emploi du 1er au 4e trimestre 2008*):

Population en emploi selon le sexe et la catégorie socioprofessionnelle en 2008 (en%)	
	Ensemble
Agriculteurs exploitants	1,8
Artisans, commerçants, chefs d'entreprises	6,1
Cadres et professions intellectuelles supérieures	16,2
Professions intermédiaires	24,0
Employés	29,3
Ouvriers	22,6
Ensemble	100
Effectif (en milliers)	25 913

On pourra représenter ces données dans un cercle, la surface du cercle attribuée à chaque catégorie étant proportionnelle à l'importance de la catégorie dans l'ensemble de la population étudiée. Cela donnera le diagramme en cercle ci-dessous :

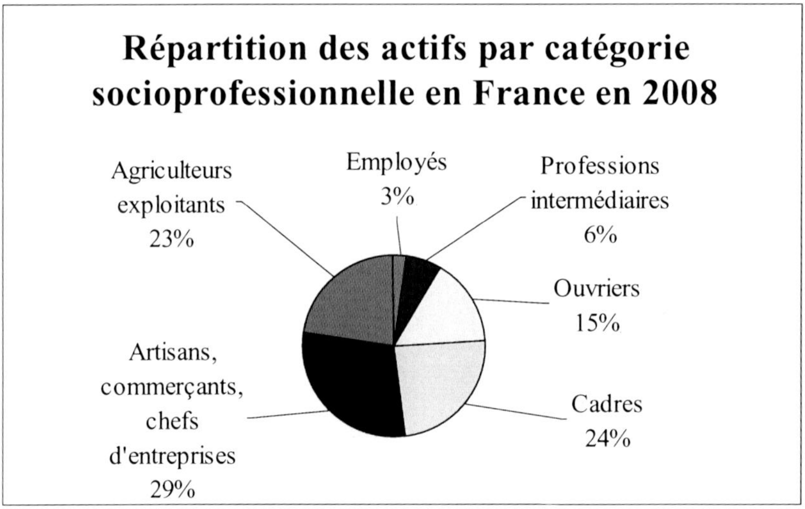

Pour insérer un diagramme dans la feuille de calcul d'un tableur, sélectionnez les données du graphique, puis choisissez *Insertion* dans la barre du menu ; enfin, choisissez *diagramme* (avec Calc) ou *graphique* (avec Excel) et sélectionnez le type de diagramme ou de graphique que vous souhaitez obtenir. Vous pouvez aussi, une fois les données sélectionnées, cliquer sur l'icône du diagramme (ou du graphique) dans la barre d'outils.

Avec Calc comme avec Excel, pour modifier un élément du graphique, il faut d'abord sélectionner le graphique : pour cela, avec Calc, faites un double-clic sur le diagramme qui s'entoure alors d'un rectangle gris ; avec Excel, faites un clic sur le graphique. Puis, faites glisser le pointeur de la souris sur l'élément que vous souhaitez modifier et faites un clic droit. Apparaît alors un menu déroulant, où figure, selon la version du tableur, *format* de cet élément, *mettre en forme* cet élément ou *formater* cet élément. Sélectionnez cette commande, puis faites un clic gauche pour effectuer les modifications voulues.

Avec Calc comme avec Excel, si vous voulez modifier un seul point de données (et non la série dans sa totalité), pointez la souris sur le point de données que vous voulez modifier, faites deux clics espacés (et non un double-clic). Le menu déroulant fera alors apparaître *format du point de données*, *mise en forme du point de données* ou *formater le point de données*, que vous sélectionnerez pour modifier le point de données.

Dans la suite nous désignerons les opérations de mise en forme dans les différents tableurs par le terme formatage.

Exercice 1 : tuyau

Ouvrez le classeur *introduction-énoncés*. Affichez la feuille *1. tuyau* de ce classeur.

Représentez les données de répartition des actifs mentionnées ci-dessus avec un diagramme en tuyau.

Corrigé :

Pour représenter les données en tuyau on respecte le principe de proportionnalité de la surface du tuyau attribuée à chaque modalité du caractère en fonction de l'importance de cette modalité du caractère dans la population étudiée.

> Pour obtenir un graphique plus lisible, vous pouvez trier les données avant, par ordre croissant ou décroissant.
>
> Avec le tableur Calc, pour obtenir une représentation en tuyau il faut choisir le type de graphique *colonne empilée.*
>
> Avec le tableur Excel, choisissez le graphique *histogramme empilé* et considérez la série en ligne.

On obtient alors le graphique ci-joint :

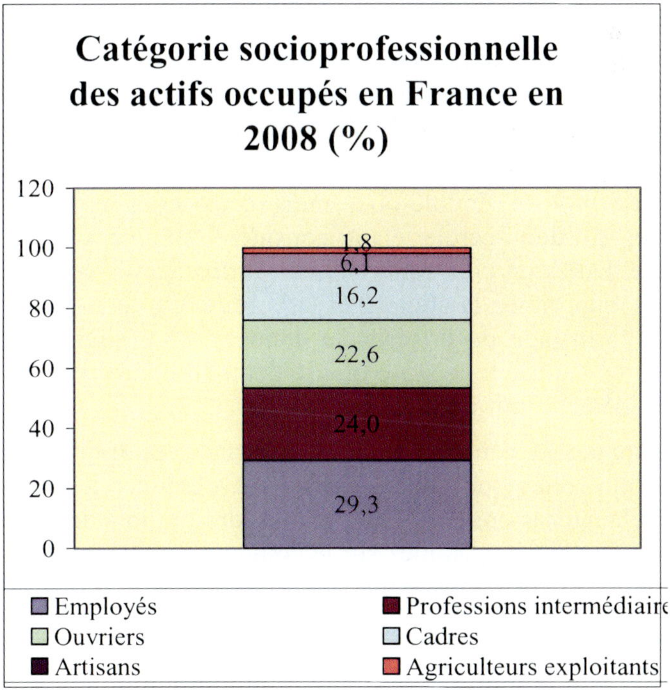

Exercice 2 : demi-cercle

Affichez la feuille *2. demi-cercle* du classeur.

On dispose des données suivantes sur la répartition des députés à l'Assemblée nationale en fonction de l'appartenance politique en 2007 :

UMP	60,00%
MODEM	0,70%
VERTS	0,70%
PS	36,00%
PC	2,60%

Représentez au moyen d'un diagramme en demi-cercle cette répartition en pourcentage des députés à l'Assemblée nationale.

Corrigé :

Diagramme en demi-cercle.

Pour cela, laissez vierge la cellule A6 et saisissez en B6 la somme de B1 à B5. Sélectionnez les cellules A1:B6. Choisissez comme forme de graphique le type *Secteurs*.

Dans le graphique, cliquez deux fois sur le demi-cercle à éliminer : pas un double-clic, mais deux clics espacés d'une seconde, ce demi-cercle étant considéré comme un point de données. Faites un clic droit. Lors du formatage de ces points de données, supprimez la couleur et la bordure du demi-cercle. Puis lors du formatage de la série de données, choisissez l'angle du premier secteur de telle sorte que le demi-cercle restant soit dans le sens adéquat. Laissez une légende.

Pour changer la couleur de chaque surface, faites de la même façon deux clics sur chaque partie du demi-cercle dont vous voulez changer la couleur, faites un clic droit et lors du formatage du point de données, cliquez sur la couleur voulue pour la surface de cette portion de demi-cercle.

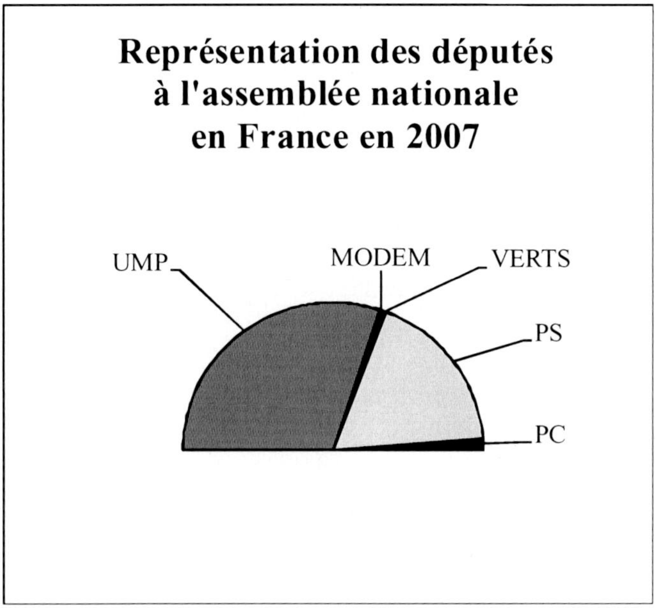

La surface du cercle ou du demi-cercle est partagée en pourcentages du nombre d'individus dans la population qui correspondent aux différentes modalités retenues.

1.4.2. Représentations graphiques des caractères quantitatifs

Les représentations graphiques des caractères quantitatifs diffèrent selon que les caractères sont discrets ou continus.

1.4.2.1. Représentation graphique des caractères discrets

Un caractère quantitatif discret est représenté par un diagramme en bâtons.

Exemple :

Prenons les chiffres donnés par l'*INSEE* sur le nombre d'enfants dans les familles en France en 2007, on a les pourcentages et la représentation graphique suivants :

Familles selon le nombre d'enfants en 2007		
	en milliers	
Sans enfant	8 296,20	47,40%
1 enfant	3 933,00	22,50%
2 enfants	3 547,00	20,30%
3 enfants	1 293,00	7,40%
4 enfants ou plus	431,4	2,50%
Ensemble des familles	17 500,60	100%

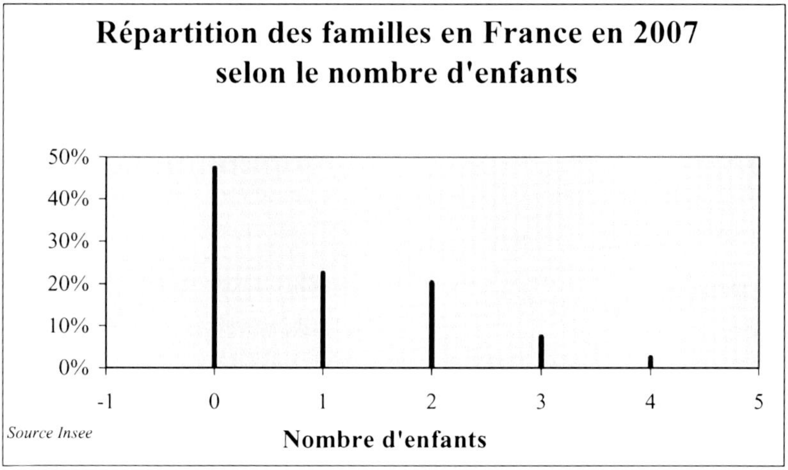

Les tableurs Calc et Excel ne prévoient pas de type de graphique particulier pour obtenir un diagramme en bâtons. Pour faire ce type de graphique, différentes « astuces » existent. L'une d'elles consiste à insérer dans les données dont on dispose, pour chaque abscisse, une nouvelle ligne avec la même abscisse et une ordonnée nulle (correspondant à l'effectif 0). On obtient ainsi n séries de 2 points (5 séries dans l'exemple ci-dessus).

Avec Calc on représente chacune de ces n séries, à l'aide du type de graphique *XY(dispersion), lignes seules* et avec Excel, à l'aide du type *Nuages de points, avec lignes et sans marquage de données.*

Si l'on veut représenter une abscisse qui commence à 0, il faut formater l'axe des x de sorte qu'il coupe l'axe des y à une valeur qui ne soit pas 0 (elle est de -1 dans le graphique ci-dessus).

1.4.2.2. Représentation graphique des caractères continus

Comme les caractères continus ont une infinité de modalités, on les regroupe en classes et on applique les formules concernant les caractères discrets aux centres des classes.

Exemple :

On peut considérer les tranches de revenus suivantes dans une population de 100 individus :

[0 €, 1000 €[, [1000 €, 2000 €[, [2000 €, 3000 €[, [3000 €, 4000 €]

La tranche [0 €, 1000 €[comporte 20 individus ; le centre de cette classe est 500 euros.

La tranche [1000 €, 2000 €[comporte 40 individus ; le centre de cette classe est 1500 euros.

La tranche [2000 €, 3000 €[comporte 30 individus ; le centre de cette classe est 2500 euros.

La tranche [3000 €, 4000 €] comporte 10 individus ; le centre de cette classe est 3500 euros.

La représentation graphique se fait alors sous forme d'histogramme, graphique dans lequel chaque classe est représentée par un rectangle dont la surface est proportionnelle à l'importance de cette classe dans la population.

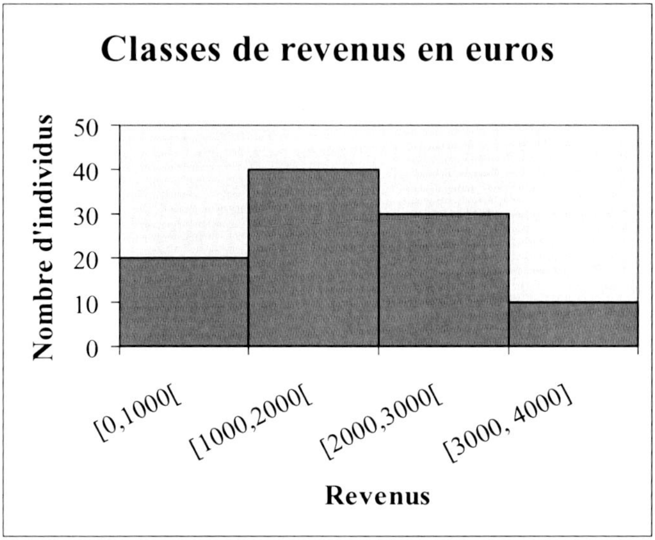

> Les tableurs Calc et Excel ne distinguent pas les histogrammes des diagrammes en bâtons.
>
> Pour obtenir des histogrammes sans espace, lors du choix des options dans le formatage de la série de données, il faut choisir avec le tableur Calc, un *chevauchement* de 100%, avec le tableur Excel, un *intervalle* de 0

Attention, les classes n'étant pas obligatoirement de même taille, il faut en tenir compte pour la représentation graphique.

Exemple :

Considérons le regroupement de classes suivant pour les tranches de revenus :

La tranche [0 €,1000 €[comporte 20 individus ;

La tranche [1000 €, 3000 €[en comporte 70 ;

La tranche [3000 €, 4000 €] en comporte 10.

Comme la classe [1000 €, 3000 €[a une amplitude deux fois plus grande que les deux autres, il faudra adapter la surface du rectangle représentant cette classe pour qu'elle soit proportionnelle à son importance dans la population étudiée, en faisant comme si les effectifs étaient uniformément répartis dans la classe [1000 €, 3000 €].

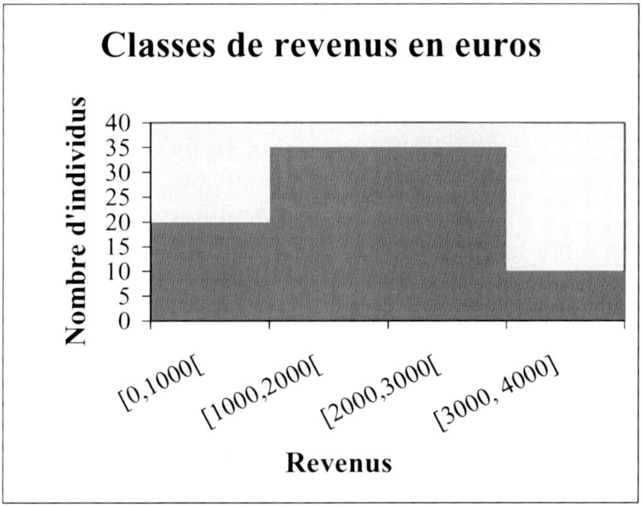

2. Commenter un tableau

Commenter un tableau statistique revient à en extraire les informations principales. La première étape consiste alors à comprendre le tableau, ce qui nécessite en premier lieu de faire attention à ce qui est « dénombré » dans celui-ci, c'est-à-dire quelle variable est étudiée et dans quelle unité elle est exprimée : il peut s'agir de grandeurs monétaires exprimées en milliers ou millions (d'euros, de dollars, etc.), de pourcentages - auquel cas il faut indiquer de quel pourcentage il s'agit - ou de toute autre unité.

Il faut ensuite dégager les chiffres significatifs et rédiger les phrases correspondantes. La rédaction nécessite de hiérarchiser les informations extraites du tableau en commençant par les informations les plus générales que l'on détaille ensuite.

Énoncer directement les informations contenues dans le tableau en évitant les expressions telles que « le tableau montre que... ». Les répétitions sont également à éviter, mais pas au point d'être incompréhensible.

Exercice 3 : graphique et commentaire :

Affichez la feuille *3. graphique et commentaire* du classeur. Vous trouverez ci-dessous les données concernant les revenus des professions de santé nets de charges professionnelles (Source : *TEF, INSEE, septembre 2005)*.

Revenu libéral moyen des professions de santé en 2002 [1]	
	Revenu annuel par tête* (milliers d'euros)
Omnipraticiens	59,7
Ensemble des 15 spécialités étudiées	93,8
dont:	
Cardiologues	*97,4*
Chirurgiens	*107,3*
Gynécologues	*71,9*
Ophtalmologues	*100,9*
Pédiatres	*58,1*
Radiologues	*185,6*
Ensemble des médecins	75,3
Chirurgiens dentistes	72,8
Infirmiers	33,7
Masseurs kinésithérapeutes	33,3

Trouvez des graphiques pour illustrer ce tableau.

Cherchez un graphique qui compare les revenus des omnipraticiens (généralistes) et ceux des médecins spécialistes étudiés, et un graphique qui mette en évidence les revenus des médecins spécialistes mentionnés.

Vous ferez à la suite de ces graphiques un commentaire comparant ces revenus en indiquant qui perçoit les revenus les plus élevés et qui perçoit les revenus les plus faibles.

Corrigé :

Premier graphique :

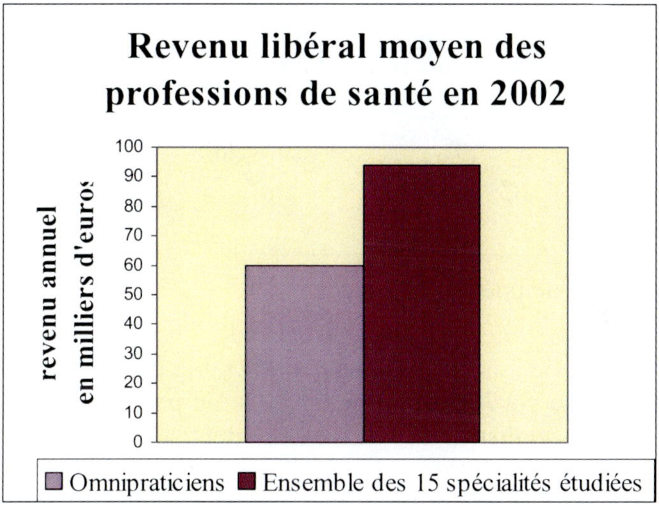

Commentaire du premier graphique :

Les médecins généralistes ont un revenu annuel moyen inférieur à celui des médecins spécialistes étudiés, puisque le revenu des premiers s'élevait à 59 700 euros en 2002 alors que celui des seconds était de 93 800 euros.

Deuxième graphique :

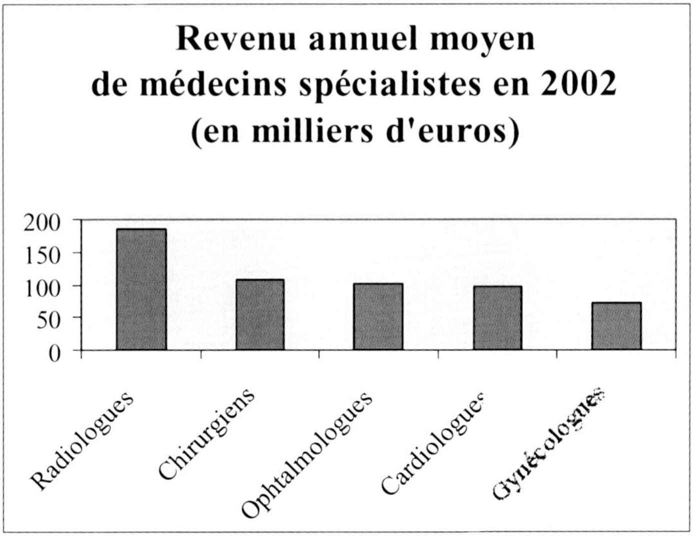

Commentaire du deuxième graphique :

Le revenu annuel moyen par tête net de charges professionnelles s'élevait à 75 300 euros en 2002 pour l'ensemble des médecins, avec un revenu moyen de 59 700 euros pour les omnipraticiens et de 93 800 euros pour les spécialistes. Les chirurgiens-dentistes quant à eux avaient un revenu annuel proche de celui de l'ensemble des médecins (75 300 euros) alors qu'infirmiers et kinésithérapeutes se situaient nettement en dessous de cette moyenne avec des revenus annuels respectifs de 33 300 et 33 700 euros.

Au sein des six spécialités étudiées, ce sont les pédiatres qui avaient le revenu annuel le plus faible avec 58 100 euros alors que les radiologues avaient le revenu le plus élevé avec 185 600 euros.

Exercice 4 : graphique et commentaire 2

Affichez la feuille *4 : graphique et commentaire 2* du classeur.

Refaites l'exercice 3 avec les données actualisées ci-dessous :

Revenu annuel par tête (en milliers d'euros courants)	
	2007
Omnipraticiens	70,9
Spécialités étudiées	113,9
dont :	
radiologues	*216,9*
ophtalmologues	*129,5*
chirurgiens	*124,3*
cardiologues	*113,9*
gynécologues	*83,9*
pédiatres	*69,9*
Ensemble des médecins	90,8
Chirurgiens-dentistes	83,1
Infirmiers	41,4
Masseurs - kinésithérapeutes	38,3
Source : Direction de la Recherche, des Études, de l'Évaluation et des Statistiques (Drees).	

Exercice 5 : ***radars***

Affichez la feuille 5*. radars* du classeur.

Vous trouverez ci-dessous un tableau qui rassemble des données concernant l'espérance de vie à partir de 50 ans des hommes et des femmes en France en 2001.

Construisez un radar (graphique appelé *Toile* par le tableur Calc) qui permet de comparer l'espérance de vie des hommes selon le statut matrimonial à différents âges. Faites de même pour les femmes.

Espérance de vie par sexe, âge et état matrimonial à partir de 50 ans, en 2001*					
Hommes					
	Mariés	Veufs	Divorcés	Célibataires	Total
50 ans	30,0	24,7	25,2	25,0	28,7
60 ans	21,5	17,8	18,2	18,1	20,6
70 ans	14,0	11,8	12,2	12,3	13,5
80 ans	7,9	6,9	7,1	7,7	7,7
*France métropolitaine					

Source: Division enquêtes et études démographiques, Insee

Espérance de vie par sexe, âge et état matrimonial à partir de 50 ans, en 2001*					
Femmes					
	Mariées	Veuves	Divorcées	Célibataires	Total
50 ans	36,2	33,5	33,3	32,9	34,7
60 ans	27,0	24,9	24,5	24,5	25,7
70 ans	18,3	16,7	16,1	16,6	17,2
80 ans	10,6	9,6	8,9	9,7	9,7
*France métropolitaine					

Source: Division enquêtes et études démographiques, Insee

Corrigé :

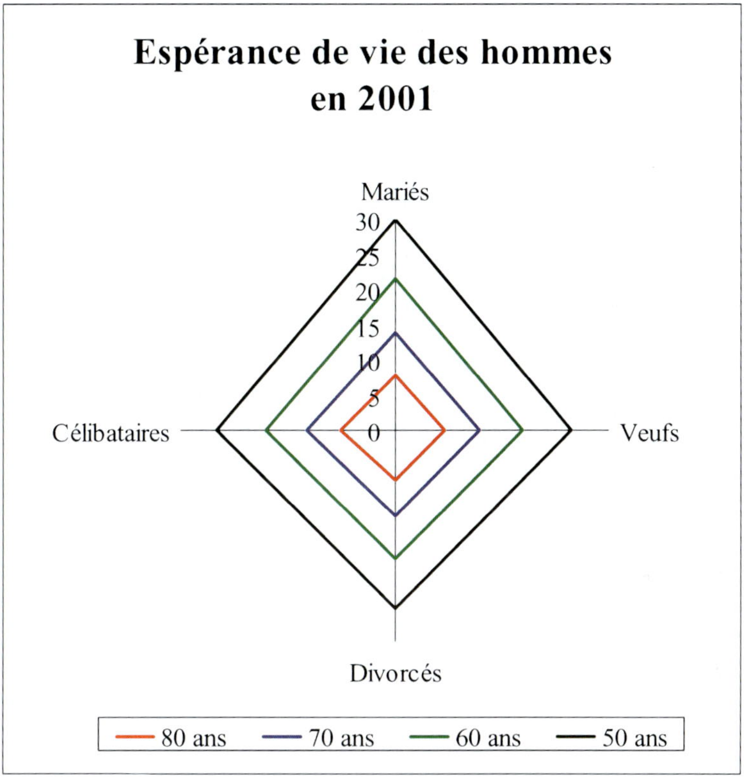
Espérance de vie des hommes en 2001
Mariés
30
25
20
15
10
5
0
Célibataires
Veufs
Divorcés
80 ans
70 ans
60 ans
50 ans

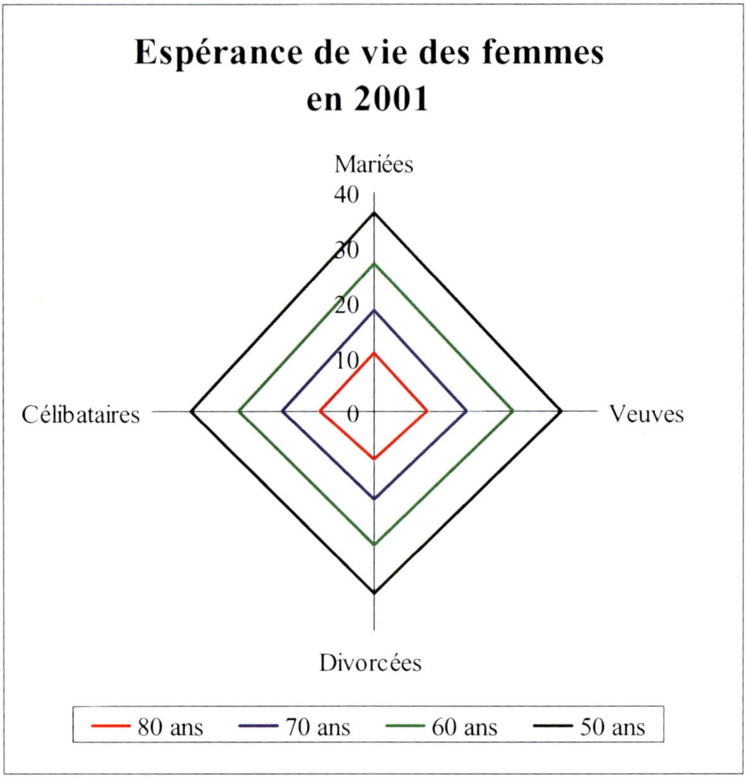

Le radar des hommes a une forme plus éloignée d'un carré que le radar des femmes, ce qui traduit le fait que l'espérance de vie des hommes soit plus liée au statut matrimonial que celle des femmes.

Exercice 6 : courbes

Affichez la feuille *6. courbes* du classeur.

Le tableau ci-dessous calcule l'écart d'espérance de vie entre les femmes (EV(f)) et les hommes (EV(h)), d'après les données précédentes :

EV(F)-EV(H)					
	Total	Mariés	Veufs	Divorcés	Célibataires
50 ans	6,0	6,2	8,8	8,1	7,9
60 ans	5,1	5,5	7,1	6,3	6,4
70 ans	3,7	4,3	4,9	3,9	4,3
80 ans	2,0	2,7	2,7	1,8	2,0

Construisez un graphique qui montre l'évolution de l'écart entre espérance de vie des femmes et espérance de vie des hommes avec l'âge et selon le statut matrimonial. À 50 et 60 ans, l'écart d'espérance de vie est plus faible chez les mariés que dans les autres catégories (célibataires, veufs et divorcés).

Corrigé :

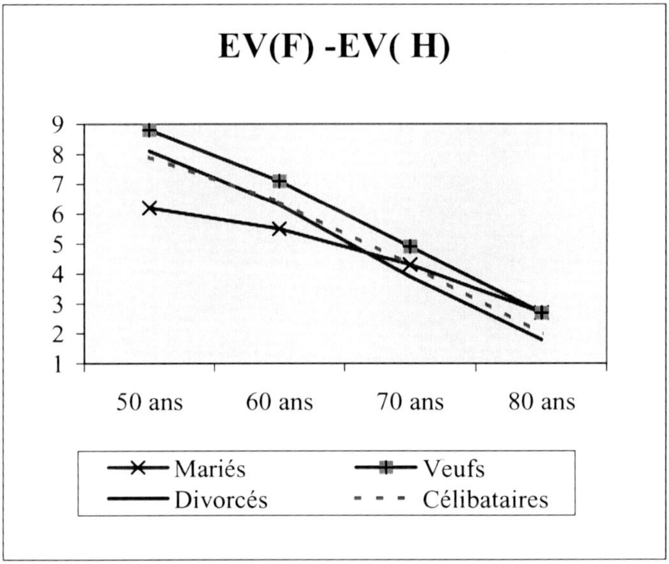

Quel que soit le statut matrimonial, l'écart entre l'espérance de vie des femmes et l'espérance de vie des hommes décroît avec l'âge. Quel que soit l'âge, ce sont les veufs qui ont l'écart d'espérance de vie le plus élevé. À 50 et 60 ans, ce sont les mariés pour lesquels l'écart entre l'espérance de vie des femmes et celle des hommes est le plus faible. À 70 et 80 ans, ce sont les divorcés pour lesquels l'écart est le plus faible.

3. Annexe : propriétés de l'opérateur somme

On a vu que : $\sum_{i=1}^{n} a_i = a_1 + a_2 + ... + a_n$

Quand il n'y a pas d'ambiguïté sur le domaine de variation de i, on peut aussi le noter $\sum_{i} a_i$ ou $\sum a_i$

Propriétés :

$$\sum_{i=1}^{m} a_i + \sum_{i=m+1}^{p} a_i = \sum_{i=1}^{p} a_i \text{ si } m<p$$

λ étant une constante réelle, on a :

$$\sum_{i=1}^{n} \lambda = \underbrace{\lambda + \lambda + ... + \lambda}_{n\ fois} = n\lambda$$

$$\sum_{i=1}^{n} \lambda\, a_i = \lambda\, a_1 + \lambda\, a_2 + ... + \lambda\, a_n = \lambda\, (a_1 + a_2 + ... + a_n) = \lambda \sum_{i=1}^{n} a_i$$

$$\sum_{i=1}^{n} (a_i + b_i) = \sum_{i=1}^{n} a_i + \sum_{i=1}^{n} b_i$$

En effet,

$$\sum_{i=1}^{n} (a_i + b_i) = (a_1 + b_1) + (a_2 + b_2) + ... + (a_n + b_n) =$$
$$(a_1 + a_2 + ...a_n) + (b_1 + b_2 + ...b_n)$$

$$= \sum_{i=1}^{n} a_i + \sum_{i=1}^{n} b_i$$

$$\sum_{i=1}^{n} (a_i + b_i)^2 = \sum_{i=1}^{n} a_i^2 + 2 \sum_{i=1}^{n} a_i b_i + \sum_{i=1}^{n} b_i^2$$

CHAPITRE 2 : INDICATEURS

Devant la distribution statistique d'un caractère quantitatif, le premier objectif du statisticien est de caractériser cette distribution par un chiffre. Tout le problème est de définir le chiffre le plus pertinent pour cela. On peut en effet construire plusieurs indicateurs pour caractériser une série statistique. C'est ce que nous allons voir dans ce chapitre avant d'étudier les façons de comparer deux situations au moyen des indices.

1. Médiane, étendue et quantiles

1.1. La médiane

1.1.1. Définition

La médiane est la valeur de la variable qui partage la population statistique étudiée en deux effectifs égaux, les individus étant ordonnés selon les valeurs de la variable. Ce sera donc la valeur de la variable telle que 50% de la population se situe au-dessus et 50% se situe en dessous.

Dans le cas d'une variable discrète, le calcul de la médiane se fait à partir des effectifs ou des fréquences cumulées : la médiane est alors la valeur de la variable à laquelle est associé un effectif cumulé de $N/2$ (N étant l'effectif total) ou une fréquence cumulée de 50% de la population.

Prenons l'exemple de la répartition par âge d'un groupe de trente étudiants dans un cours.

Âge	Effectif n_i	Fréquence f_i	Effectif cumulé	Fréquence cumulée
18	2	2/30 = 06,7%	2	2/30 = 06,7%
19	4	4/30 = 13,3%	6	6/30 = 20,0%
20	9	9/30 = 30,0%	15	15/30 = 50,0%
21	11	11/30 = 36,0%	26	26/30 = 86,7%
22	4	3/30 = 10,0%	30	30/30= 100%
Total	30	1 = 100%		

Dans l'exemple ci-dessus, l'effectif total de la population étudiée est de 30.

La médiane est la valeur de la variable qui partage la population en deux, c'est-à-dire la valeur en dessous de laquelle on trouve 30/2 = 15 étudiants.

La moitié de l'effectif est atteint pour l'âge de 20 ans. En effet, on a un effectif cumulé de 15 étudiants ayant 20 ans et moins.

Quand la médiane ne tombe pas sur une valeur exacte de la variable, par convention on retient la valeur de la variable immédiatement supérieure.

Quand la variable est continue et classée, le calcul ne peut se faire que par approximation : on traite les variables par interpolation linéaire comme si les effectifs étaient uniformément répartis à l'intérieur d'une classe.

1.1.2. Propriété

La médiane donne des indications utiles sur la tendance centrale d'une distribution statistique. Elle n'est pas influencée par les valeurs extrêmes de la variable.

Prenons l'exemple des salaires dans les secteurs public et privé :

Salaires médians en 2007 (salaires nets annuels en euros)			
	Hommes	Femmes	Ensemble
Public	26 465	23 843	24 761
Privé	20 019	17 612	19 147

Source Insee 2010

Ce tableau permet d'effectuer deux comparaisons, celle du salaire dans les secteurs public et privé et celle du salaire des hommes et des femmes.

Comparons les salaires dans les secteurs public et privé :

Le salaire médian du secteur public est plus élevé que le salaire médian du secteur privé. En effet, le salaire net médian annuel dans le secteur privé en 2007 était de 19 147 euros, ce qui veut dire que la moitié des salariés du privé gagnait moins de 19 147 euros et l'autre moitié gagnait plus ; alors que la moitié des salariés du secteur public gagnait plus de 24 761 euros, l'autre moitié gagnant moins de 24 761 euros.

Le salaire médian des femmes dans le secteur privé était de 17 612 euros, inférieur au salaire médian des femmes dans le secteur public qui atteignait 23 843 euros. Le salaire médian des hommes du secteur public était de 26 465 euros alors que celui des hommes du secteur privé était de 20 019 euros.

Comparons le salaire des femmes et celui des hommes :

Dans les deux secteurs, le salaire médian des femmes est inférieur au salaire médian des hommes, 50% des femmes gagnant plus de 17 612 euros dans le secteur privé alors que 50% des hommes gagnent plus de 20 019 euros dans ce secteur. Dans le public, la moitié des femmes gagnent plus de 23 843 euros alors que la moitié des hommes gagnent plus de 26 465 euros.

1.1.3. La médiale : une médiane particulière

Définition :

La médiale est la médiane de la série $(n_1x_1, n_2x_2, ..., n_kx_k)$. C'est la valeur du caractère qui partage l'effectif des n_ix_i en deux parties égales.

Précisons :

La médiale est la valeur du caractère telle que la moitié de la masse du caractère lui est inférieure.

Par masse du caractère x_i, on entend le produit $n_i x_i$ qui représente l'importance de la modalité x_i du caractère.

Exemple :

Distribution d'une population de seize femmes d'un village selon le nombre d'enfants :

Nombre d'enfants par femme	Nombre de femmes	$n_i x_i$	$n_i x_i$ cumulés	Pourcentage
0	1	0	0	0
1	3	3	3	3/31
2	8	16	19	19/31
3	4	12	31	31/31
Total	16	31		

Les $n_i x_i$ correspondent à des nombres totaux d'enfants. Au total, ces 16 femmes ont 31 enfants.

Les 8 femmes qui ont 2 enfants ont un total de 16 enfants soit 16 enfants/31 enfants.

Le produit $n_i x_i$ représente, la masse, l'importance du caractère selon la modalité x_i ; on dit aussi que les $n_i x_i$ représentent les valeurs globales de la série. Ainsi pour x_i=2 enfants par femme, la modalité x_i représente 16/31= 51,6 % de la masse du caractère.

La médiale se trouve sur le caractère x_i=2, puisque plus de la moitié de la masse du caractère lui est inférieure (19/31).

La médiale est donc bien une médiane calculée par rapport aux valeurs globales de la série ($n_i x_i$).

1.1.4. Limites de la médiane

La médiane est ce qu'on appelle une caractéristique de valeur centrale résumant la répartition d'une population selon un caractère, mais un tel résumé ne donne qu'une vision restreinte de cette répartition. Ainsi, on peut avoir deux répartitions très différentes, même si les caractéristiques de valeur centrale sont proches, l'une étant plus regroupée que l'autre.

Pour préciser l'étude statistique, on va donc construire des indicateurs qui peuvent mesurer cet aspect des choses ; c'est ce qu'on appelle les indicateurs de dispersion. Les principaux sont l'étendue, le rapport interdécile et l'écart-type.

1.2. L'étendue

Exemple :

Soit les deux séries de notes (sur 20) ci-dessous, issues de deux correcteurs distincts A et B :

A	B
1	6
3	7
6	8
6	8
7	9
8	9
8	9
12	10
13	10
14	11
15	11
17	12

Dans le cas du correcteur A, les notes sont très étalées, allant de 1/20 à 17/20. Dans le cas du correcteur B, les notes sont plus regroupées, allant de 6/20 à 12/20.

Définition :

On appelle étendue, la différence entre la plus grande et la plus petite modalité du caractère.

Le calcul de l'étendue est très simple. Ainsi dans notre exemple, l'étendue des notes du correcteur A est de 16 points, celle des notes du correcteur B est de 6 points.

Cela dit, l'étendue est un indicateur très rudimentaire. Il existe des indicateurs de dispersion plus élaborés.

1.3. Les déciles

Définition :

Les déciles sont les valeurs de la variable qui partagent la population en 10 groupes de même effectif.

Ainsi D_1 ou premier décile est la valeur de la variable en dessous de laquelle on trouve 10% de la population et au-dessus de laquelle on trouve 90% de la population.

D_2 ou 2e décile est la valeur de la variable en dessous de laquelle on trouve 20% de la population et au-dessus de laquelle on trouve 80% de la population.

etc.

D_5 ou 5e décile est la valeur de la variable en dessous de laquelle on trouve 50% de la population et au-dessus de laquelle on trouve 50% de la population. C'est la médiane.

D_9 ou 9e décile est la valeur de la variable en dessous de laquelle on trouve 90% de la population et au-dessus de laquelle on trouve 10% de la population.

On utilise beaucoup les déciles pour évaluer les inégalités de revenus ou de salaires

Exemple :

Reprenons l'exemple des salaires en 2007, avec le tableau ci-dessous :

Distribution des salaires nets annuels par sexe dans le privé et le semi-public en 2007 (euros courants)

Décile	Femmes	Hommes	Ensemble
1er décile (D1)	12 364	13 538	13 038
2e décile (D2)	13 792	15 202	14 609
3e décile (D3)	14 932	16 689	15 989
4e décile (D4)	16 162	18 239	17 461
Médiane (D5)	17 612	20 019	19 147
6e décile (D6)	19 438	22 248	21 247
7e décile (D7)	21 883	25 391	24 052
8e décile (D8)	25 287	30 590	28 590
9e décile (D9)	32 003	41 413	37 975
Rapport interdécile (D9/D1)	2,6	3,1	2,9

Source : Insee, DADS 2007 (fichier définitif).

En 2007, 90% des salariés du privé gagnaient moins de 37 975 euros annuels nets ;

90% des femmes gagnaient moins de 32 003 euros annuels ; 90% des hommes gagnaient moins de 41 413 euros annuels.

Avec cette répartition par déciles, on peut calculer le rapport interdécile D_9/D_1 et évaluer ainsi la dispersion des salaires.

Dans notre exemple la valeur du rapport interdécile pour les salariés du privé est de 2,9. Cela veut dire que le salaire au-dessus duquel sont payés 10% des salariés du privé est 2,9 fois plus élevé que le salaire au-dessous duquel sont payés 10% des salariés ($D_9/D_1 = 2{,}9 \Leftrightarrow D_9 = 2{,}9\ D_1$).

Pour simplifier, on peut dire que les hauts salaires sont environ 3 fois plus élevés que les bas salaires, sachant qu'en utilisant le rapport interdécile, on a éliminé les 10% de salaires les plus faibles et les 10% les plus élevés pour évaluer les inégalités.

Dans notre exemple, ce rapport interdécile D_9/D_1 permet aussi de mesurer la disparité des salaires hommes/femmes. Le rapport interdécile est en effet de 2,6 chez les femmes et de 3,1 chez les hommes. La distribution des salaires est donc plus inégalitaire chez les hommes que chez les femmes, les salaires les plus élevés chez les femmes étant 2,6 fois plus élevés que les salaires les plus faibles alors qu'ils sont 3,1 plus élevés chez les hommes.

On pourrait aussi faire des comparaisons dans le temps : si le rapport interdécile augmente avec le temps, cela signifie que les inégalités s'accroissent ; s'il diminue, les inégalités diminuent.

Pour savoir si la dispersion des salaires se fait plutôt par augmentation des valeurs supérieures ou par étirement vers le bas, on peut mesurer les rapports D_9/D_5 et D_1/D_5

Dans notre exemple :

	Femmes	Hommes	Ensemble
D_9/D_5	1,82	2,07	1,98
D_1/D_5	0,70	0,68	0,68

Les valeurs prises par les rapports interdéciles D_9/D_5 et D_1/D_5 nous permettent de dire que les écarts de salaires hommes/femmes sont plus importants pour les hauts salaires (ceux qui dépassent le salaire médian) que pour les bas salaires.

Nota bene : ces rapports interdéciles ne peuvent être utilisés que dans le cadre de variables positives.

On peut également utiliser l'intervalle interdécile $D_9 - D_1$: celui-ci est une mesure de la dispersion de la série qui ne dépend pas des valeurs extrêmes puisqu'il donne une indication portant sur 80% des observations. En fait l'intervalle interdécile mesure l'étendue de 80% des observations, les 10% de chaque extrémité des observations n'étant pas pris en compte.

Exercice 1 : déciles

Ouvrez la feuille *1. déciles* du classeur indicateurs-énoncés.

Vous y trouverez le tableau ci-dessous :

Distribution des salaires nets annuels par sexe dans la fonction publique d'État			
Salaires offerts en euros courants, en 2007			
Décile	Femmes	Hommes	Ensemble
1er décile (D1)	16 809	17 626	17 146
2e décile (D2)	19 297	20 297	19 674
3e décile (D3)	20 872	22 344	21 358
4e décile (D4)	22 336	24 392	23 014
Médiane (D5)	23 843	26 465	24 761
6e décile (D6)	25 487	28 720	26 641
7e décile (D7)	27 395	31 373	28 915
8e décile (D8)	29 992	35 860	32 144
9e décile (D9)	35 154	43 490	38 673
Rapport interdécile (D9/D1)	2,1	2,5	2,3
Source : INSEE, fichier de paie des agents de l'État 2007			

Sur le modèle des commentaires concernant le secteur privé, comparer les inégalités de salaires hommes/femmes dans le secteur public. Comparer les dispersions des hauts et bas salaires dans ce secteur. Comparer les inégalités de salaires dans les secteurs public et privé (voir les chiffres donnés plus haut pour le secteur privé).

1.4. Les quartiles et les quantiles

On a vu que la médiane est la valeur de la variable qui partage la population en deux groupes d'effectifs égaux.

Les quartiles sont les valeurs de la variable obtenues quand on partage la population en quatre groupes égaux.

Le premier quartile Q_1 est la valeur au-dessous de laquelle on trouve 25% de la population.

Le deuxième quartile Q_2 est la valeur au-dessous de laquelle on trouve 50% de la population : c'est la médiane

Le troisième quartile Q_3 est la valeur au-dessous de laquelle on trouve 75% de la population.

De la même façon qu'avec les déciles, on peut construire un rapport interquartile et un intervalle interquartile.

Le rapport interquartile Q3/Q1 mesurera les écarts entre la valeur de la variable au-dessous de laquelle on trouve 25% de la population et celle au-dessus de laquelle se trouve 25% de la population.

On peut également construire un intervalle interquartile : Q_3 - Q_1.

Cet intervalle contient 50% des observations. C'est en fait une étendue mesurée sur la moitié centrale des observations. Plus l'intervalle interquartile est grand, plus la dispersion est forte. Plus l'intervalle est petit, plus la série est « concentrée » (rassemblée) autour de la moyenne.

Un des inconvénients de l'intervalle interquartile comme de l'intervalle inter-décile apparaît quand il s'agit de faire des comparaisons. L'intervalle interquartile s'exprime dans la même unité que celle de la variable. Il est donc difficile de comparer des distributions qui sont exprimées dans des unités différentes.

Les quartiles constituent avec les déciles, un des types de « quantiles » les plus utilisés.

On utilise couramment trois types de quantiles : les quartiles, les déciles et les centiles. Les centiles sont obtenus quand on divise la population étudiée en 100 groupes de même effectif. Mais on pourrait aussi bien construire d'autres types de quantiles, en fonction des besoins.

1.5. Les caractéristiques de concentration

1.5.1. La courbe de concentration ou courbe de Lorenz

Définition :

L'idée générale de la courbe de concentration, dite aussi courbe de Lorenz, est de comparer la distribution des masses observée avec une distribution des masses qui serait uniforme et dite « égalitaire ».

Une distribution égalitaire des masses d'un caractère est telle que x% des individus d'une population représentent toujours x% de la masse du caractère. Ce cas se produit quand la valeur du caractère observé est la même pour tous les individus, par exemple même salaire pour tous.

Si l'on considère l'exemple des revenus des Français, une répartition égalitaire serait telle que :

10% des Français perçoivent 10% du revenu global ;

20% des Français perçoivent 20% du revenu global ;

30% des Français perçoivent 30% du revenu global ;

etc.

100% perçoivent 100% du revenu global.

Dans la réalité il n'en est pas ainsi : les revenus ne sont pas distribués de façon égalitaire ; on dit qu'ils sont plus ou moins concentrés selon que la distribution est plus ou moins inégalitaire.

Pour juger de la concentration c'est-à-dire de la plus ou moins grande inégalité d'une distribution, on va comparer, d'une part, les fréquences cumulées des effectifs et d'autre part, les fréquences cumulées des masses de caractères.

Dans la suite, on supposera que les valeurs observées sont positives.

Plus les fréquences cumulées des masses s'éloigneront des fréquences cumulées des effectifs, plus la distribution sera inégalitaire.

Les fréquences cumulées des effectifs sont :

$$F_i(x) = \sum_i f_i(x) = \sum_i \frac{n_i}{N}$$

Les fréquences cumulées des masses sont $F_i(nx) = \sum_i f_i(n_i x_i) = \sum_i \frac{n_i x_i}{\sum_i n_i x_i}$

Pour juger de l'écart entre fréquences cumulées des effectifs et fréquences cumulées des masses, on construit un graphique qui se fonde sur les propriétés du carré, en mettant en abscisse les fréquences cumulées des effectifs et en ordonnées les fréquences cumulées des masses, c'est-à-dire des $n_i x_i$.

La courbe est dite courbe de concentration ou courbe de Lorenz. La diagonale du carré représente la courbe de concentration d'une distribution qui serait parfaitement égalitaire ($y = x$) :

10% des effectifs représentent 10% de la masse

20% des effectifs représentent 20% de la masse etc.

En comparant la diagonale à la courbe de concentration dite courbe de

Lorenz, on évalue l'inégalité de la distribution.

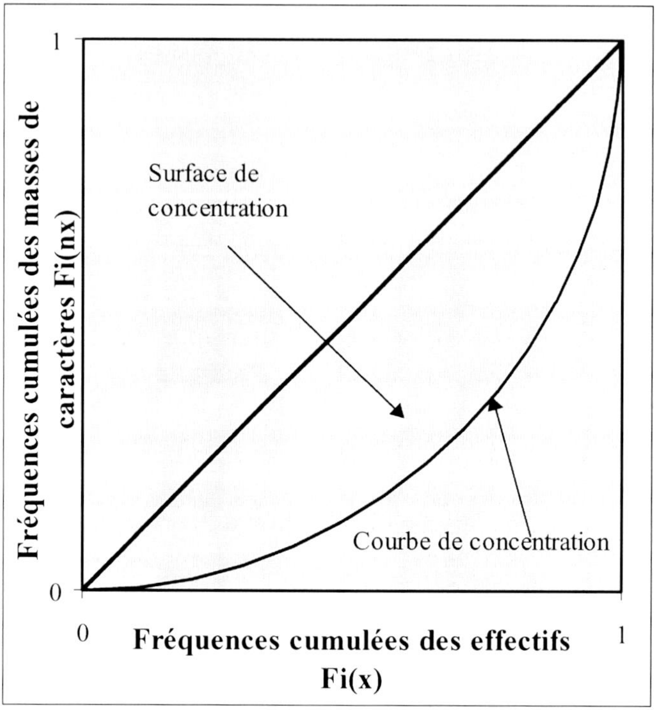

Plus la courbe de concentration est éloignée de la diagonale du carré qui représente la distribution égalitaire, plus la distribution est inégalitaire.

La distribution la plus inégalitaire correspond au cas où un individu de la population cumulerait l'intégralité de la masse du caractère étudié (par exemple un ménage a l'intégralité du revenu). Dans ce cas, la fonction associée prend la valeur y=0 pour tout x<100%, et y=100% quand x=100%. La courbe de Lorenz correspondant à cette situation est appelée la ligne de parfaite inégalité. Elle correspond au périmètre du demi-carré.

La surface comprise entre la diagonale du carré et la courbe de concentration est appelée surface de concentration. Quand la distribution est égalitaire, la courbe de concentration est confondue avec la diagonale du carré et la surface de concentration est nulle.

Dans le cas de la distribution la plus inégalitaire, la courbe de concentration se confond avec le demi-périmètre du carré et la surface de concentration est égale à la surface du demi-carré.

Plus la courbe de concentration s'éloigne de la diagonale du carré, plus la distribution est inégalitaire.

Une distribution B plus inégalitaire qu'une distribution A aura une surface de concentration plus élevée que celle de A.

On mesure alors l'inégalité au moyen de la surface de concentration à partir de laquelle on définit le coefficient de Gini.

Exercice 2 : courbes de Lorenz 1

Au cours de cet exercice, nous allons utiliser les courbes de Lorenz pour comparer plusieurs distributions de salaires.

Vous trouverez dans la feuille *2. courbes de Lorenz 1* de votre classeur, trois tableaux.

Le premier contient une distribution de salaires uniforme :

tableau 1 : distribution uniforme				
salaires x_i	effectifs n_i	masses salariales $n_i.x_i$	salariés cumulés (%)	salaires cumulés (%)
0	0	0	0	0
10	20	200	20	7
20	20	400	40	20
30	20	600	60	40
40	20	800	80	67
50	20	1 000	100	100
Total	100	3 000		

Dans le second les salaires sont peu dispersés :

tableau 2 : salaires peu dispersés				
salaires x_i	effectifs n_i	masses salariales $n_i.x_i$	salariés cumulés (%)	salaires cumulés (%)
0	0	0	0	0
10	5	50	5	2
20	50	1 000	55	40
30	30	900	85	75
40	10	400	95	90
50	5	250	100	100
Total	100	2 600		

Les salaires du troisième tableau sont pour la plupart bas ou élevés :

tableau 3 : salaires bas et salaires élevés				
salaires x_i	effectifs n_i	masses salariales $n_i.x_i$	salariés cumulés (%)	salaires cumulés (%)
0	0	0	0	0
10	40	400	40	13
20	5	100	45	16
30	5	150	50	21
40	10	400	60	34
50	40	2 000	100	100
Total	100	3 050		

Nous allons comparer ces trois distributions en utilisant des courbes de Lorenz.

Entrez dans les colonnes « masses salariales », « salariés cumulés » et « salaires cumulés » les formules de calcul idoines.

Placez sur un graphique les trois courbes de Lorenz.

Faites un commentaire sur les inégalités.

Corrigé :

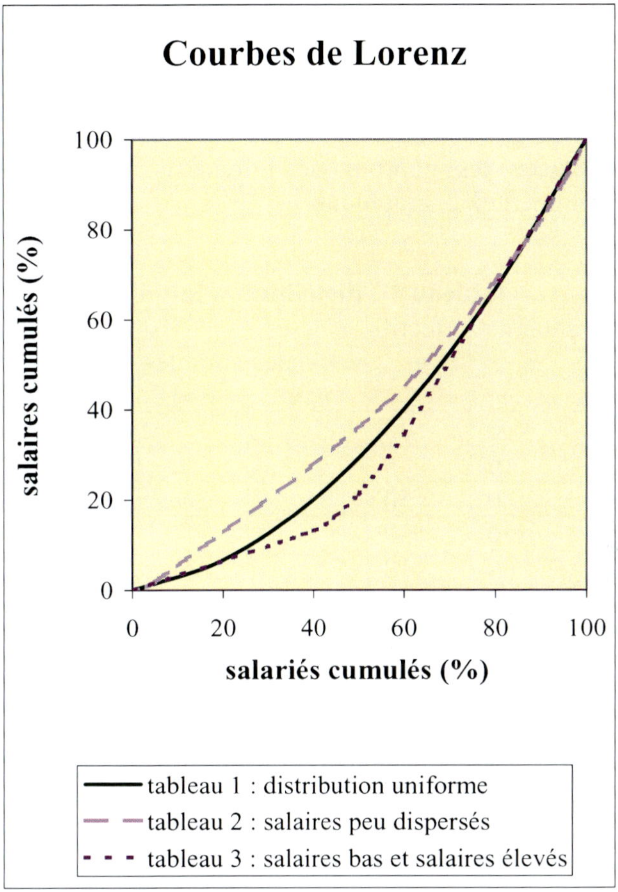

Les inégalités sont les plus grandes quand les salaires sont regroupés en deux distributions, haut et bas salaires (cf. tableau 3) ; c'est quand les salaires sont peu dispersés que les inégalités sont moindres (cf. tableau 2).

Exercice 3 : courbes de Lorenz 2

Nous allons maintenant observer l'influence d'une augmentation de salaire sur les inégalités.

Vous trouverez dans la feuille *3. courbes de Lorenz 2* du classeur, trois tableaux.

Le premier contient une distribution de salaires ; ceux-ci seront doublés dans le second tableau et augmentés d'une même quantité dans le troisième.

Entrez les formules de calcul dans les colonnes de droite des trois tableaux et placez les courbes de Lorenz correspondantes sur un graphique. Commentez le graphique.

tableau 1 : distribution initiale				
salaires x_i	effectifs n_i	masses salariales $n_i.x_i$	salariés cumulés (%)	salaires cumulés (%)
0	0			
10	5			
20	50			
30	30			
40	10			
50	5			
Total	100			

Corrigé :

tableau 1 : distribution initiale				
salaires x_i	effectifs n_i	masses salariales $n_i.x_i$	salariés cumulés (%)	salaires cumulés (%)
0	0	0	0	0
10	5	50	5	2
20	50	1 000	55	40
30	30	900	85	75
40	10	400	95	90
50	5	250	100	100
Total	100	2 600		

tableau 2 : salaires du tableau 1 multipliés par 2				
Salaires x_i	effectifs n_i	masses salariales $n_i.x_i$	salariés cumulés (%)	salaires cumulés (%)
0	0	0	0	0
20	5	100	5	2
40	50	2 000	55	40
60	30	1 800	85	75
80	10	800	95	90
100	5	500	100	100
Total	100	5 200		

tableau 3 : salaires du tableau 1 plus 20				
salaires x_i	effectifs n_i	masses salariales $n_i.x_i$	salariés cumulés (%)	salaires cumulés (%)
0	0	0	0	0
40	5	200	5	3
60	50	3 000	55	44
80	30	2 400	85	78
100	10	1 000	95	92
120	5	600	100	100
Total	100	7 200		

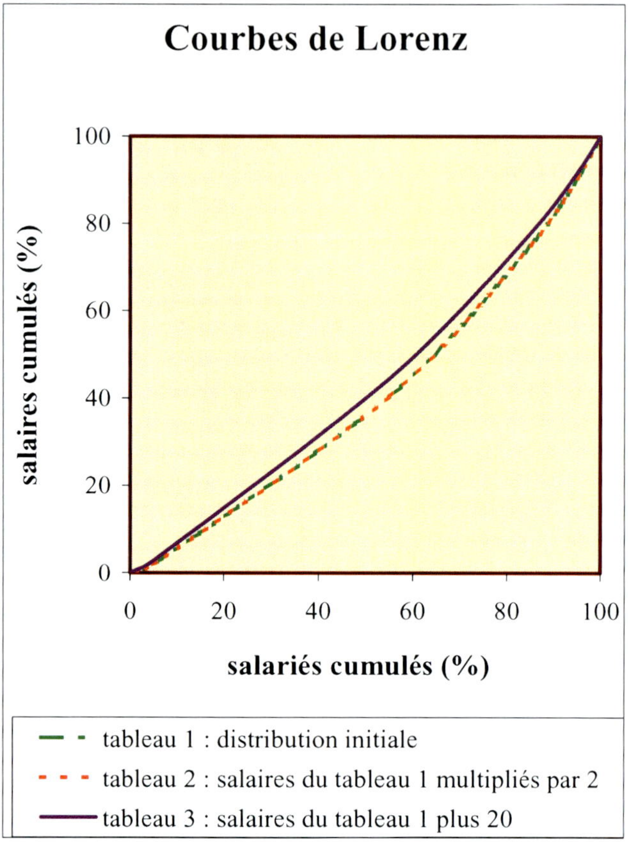

Comme nous pouvions nous y attendre, le doublement de tous les salaires (qui correspond à une augmentation de 100% pour tous les salaires) ne modifie pas la distribution. Par contre, une augmentation d'un même montant pour tous diminue les inégalités. En effet une augmentation du même pourcentage, quel que soit le salaire, laisse inchangée l'échelle des salaires, alors qu'une augmentation de même montant pour tous, réduit l'échelle des salaires, ce montant correspondant à un pourcentage d'augmentation plus élevé pour les bas salaires.

1.5.2. Le coefficient de Gini

1.5.2.1. Définition

On se sert du coefficient de Gini pour comparer des distributions inégales : revenus, répartition des impôts etc.

L'indicateur de concentration (noté *I*), appelé coefficient de concentration ou coefficient de Gini est défini par :

I = surface de concentration /surface du demi-carré

Pour la distribution la plus égalitaire, la surface de concentration est nulle. Cela correspond à *I*= 0.

Pour la distribution la plus inégalitaire, la surface de concentration est égale à la surface du demi-carré. Cela correspond à *I*= 1.

Le coefficient de Gini est donc compris entre 0 et 1. Plus la distribution est inégalitaire plus le coefficient se rapproche de 1 ; plus elle est égalitaire plus il est proche de 0.

1.5.2.2. Méthode de calcul du coefficient de Gini :

La méthode la plus simple pour calculer le coefficient de Gini est une méthode graphique.

Si on divise le carré en 100 carreaux, la surface du demi-carré est égale à 50 carreaux et il suffit de compter le nombre de carreaux compris entre la diagonale et la courbe de concentration et de diviser par 50 pour obtenir le coefficient de Gini.

2. Moyenne et écart-type

2.1. La moyenne arithmétique : définition

Exemple :

À partir de la distribution statistique des âges d'un groupe de trente étudiants, on peut se demander quel est l'âge moyen du groupe :

2 étudiants ont 18 ans, soit en tout 36 ans

4 ont 19 ans, soit au total 76 ans…

Au total les 30 étudiants cumulent 609 années.

L'âge moyen est donc de $\frac{609}{30}$ soit 20,3 ans.

Âge	Effectif	$n_i x_i$
18	2	36
19	4	76
20	10	200
21	11	231
22	3	66
Total	30	609

Définitions :

On peut traduire cela par les formules suivantes :

Si on note x_i la valeur de la ième modalité et n_i l'effectif correspondant à cette modalité, la moyenne sera obtenue par la formule suivante s'il y a k modalités:

$\frac{\sum_{i=1}^{k} n_i x_i}{\sum_{i=1}^{k} n_i}$ = 609/30 =20,3 ans, âge moyen des étudiants du groupe d'étudiants

On notera la moyenne $\overline{x}$

Si on pose $\sum_{i=1}^{k} n_i = N$, on a $\overline{x} = \frac{\sum_{i=1}^{k} n_i x_i}{N} = \sum_{i=1}^{k} \frac{n_i}{N} x_i$

Comme $f_i = \frac{n_i}{N}$, on peut aussi exprimer la moyenne en utilisant la fréquence :

$$\overline{x} = \sum_{i=1}^{k} \frac{n_i}{N} x_i = \sum_{i=1}^{k} f_i x_i$$

On peut donc exprimer et calculer la moyenne dite arithmétique avec des effectifs ou avec des fréquences.

La moyenne se calcule selon la même formule dans le cas discret et dans le cas continu, mais dans le cas d'observations regroupées en classes, pour calculer la moyenne, on peut par exemple attribuer à chaque classe, la valeur du caractère au centre de la classe et il s'agit alors d'une approximation.

La valeur de la moyenne est abstraite. Par exemple, le nombre moyen d'enfants par femme en France était de 1,94 enfants en 2005, chiffre qui ne correspond pas à un fait concret.

La moyenne arithmétique dont on vient d'indiquer la formule et que l'on vient de calculer sur un exemple est dite moyenne pondérée ; cela signifie que chaque valeur de la variable est multipliée (pondérée) par un coefficient, ici par l'effectif n_i qui lui correspond. Dans ce cas, chaque valeur x_i de la variable intervient dans le calcul de la moyenne autant de fois qu'elle a été observée.

On parle de moyenne arithmétique simple quand on n'effectue pas de pondération. Par exemple, si 5 étudiants ont pour âge respectif 18, 19, 20, 21 et 22 ans, leur âge moyen est donné par (18+19+20+21+22)/5 = 20 ans.

La moyenne simple est égale à la moyenne pondérée si les effectifs de chaque classe sont égaux, et dans le cas d'une variable discrète si les effectifs des modalités sont égaux.

Dans notre exemple, si pour chaque âge considéré on avait 6 étudiants (comme il y a 5 modalités de l'âge, cela correspond bien à notre effectif total de 30), cela donnerait comme moyenne pondérée :

((18x6) +(19x6) +(20x6) +(21x6) +(22x6))/30 =

[6 (18+19+20+21+22+21]/ 30=(18+19+20+21+22)/5 = 20 ans, égale à la moyenne simple.

Finalement, sauf si les effectifs des classes ou des modalités sont égaux, on retiendra comme moyenne arithmétique, la moyenne pondérée.

Le principal inconvénient de la moyenne est de tenir compte de toutes les valeurs de la variable y compris des valeurs extrêmes : la valeur de la moyenne sera donc sensible à l'existence de valeurs extrêmes. Une valeur élevée tirera la moyenne vers le haut, une valeur faible vers le bas. Dans le calcul du salaire moyen par exemple tous les salaires sont pris en compte.

Si ces valeurs aberrantes sont extrêmes, y compris si elles sont dues à des erreurs, de saisie, de calcul ou de recopie, cela aura des effets non négligeables sur la valeur de la moyenne.

Par exemple, si on calcule la moyenne des tailles suivantes en se trompant sur une unité de mesure : 1,60 m, 1,75 m, 168 cm, on obtient :

$\frac{1{,}60 + 168 + 1{,}75}{3} = 57{,}1$ alors que la moyenne est 1,68 m.

Quand on a des doutes sur la fiabilité des données, une méthode consiste à observer une série tronquée obtenue à partir de la série originale, en retirant des valeurs extrêmes (1%, 2%,.... , 5%, 10%). On peut ainsi calculer une moyenne tronquée à 5% en supprimant 5% des plus petites valeurs et 5% des valeurs les plus élevées.

Cela dit, la moyenne a des propriétés arithmétiques qui font qu'elle est souvent utilisée comme premier chiffre résumant une série statistique.

Exercice 4 : moyenne pondérée

Prenons une maquette de licence Sciences économiques et sociales (SES) qui comporte treize enseignements répartis sur deux semestres.

La liste des enseignements et de leurs coefficients figure dans le tableau suivant :

1ère année SES		
	coefficient	
1er semestre		Note
54U1SE11 - Introduction à l'économie	3	
54U2SE11 - Introduction au droit	2	
54U3SE11 - Introduction à la sociologie	2	
54U4SE11 - Histoire des faits économiques	3	
55UTL110 - UE transversale - outils informatiques	1	
54U5SE11 - UE libre	1	
Total	12	

2e semestre				
54U1SE12 - Grandes questions de sociologie			2	
54U2SE12 - Économie descriptive			3	
54U3SE12 - Langues			1	
54U4SE12 - Méthodologie du travail universitaire			1	
54U5SE12 Sociologie du travail	ou	U7SE12 Éléments de mathématiques	2	
54U6SE12 Histoire du travail	ou	4U8SE12 Économie européenne	2	
54U9SE12 UE libre			1	
Total			12	

Ces enseignements ont des poids différents. Ces poids sont indiqués par les coefficients associés à ces enseignements. Pour obtenir son année, un étudiant doit avoir la moyenne à chacun des deux semestres.

Affichez la feuille *4. moyenne pondérée* du classeur

Ajoutez une colonne *Notes* au tableau et introduisez une note pour chaque enseignement.

Introduisez dans les cellules roses les formules de calcul des moyennes semestrielles pondérées par les coefficients.

Indications :

Pour calculer la moyenne pondérée d'un semestre, vous devez multiplier chaque note par son coefficient, additionner tous les produits et diviser cette somme par la somme des coefficients.

Testez l'exactitude de votre formule en attribuant la note 10 à chaque enseignement, vous devez alors obtenir une moyenne de 10.

2.2. Propriétés de la moyenne arithmétique

2.2.1. La moyenne arithmétique est linéaire

Cela signifie que si une variable x subit une transformation linéaire et devient

$z = ax + b$, avec a, b constantes, alors sa moyenne $\bar{x}$ subit la même transformation : $\bar{z} = a\bar{x} + b$

En effet :

$z_i = ax_i + b$,

$$\bar{z} = \frac{\sum_{i=1}^{k} n_i z_i}{N} = \frac{\sum_{i=1}^{k} n_i (ax_i + b)}{N} = \frac{\sum_{i=1}^{k} n_i x_i}{N} + \frac{\sum_{i=1}^{k} n_i b}{N} = a\frac{\sum_{i=1}^{k} n_i x_i}{N} + b\frac{\sum_{i=1}^{k} n_i}{N} = a\bar{x} + b$$

puisque $\Sigma n_i = N$

2.2.2. La somme des écarts à la moyenne est nulle

Soit $\sum_{i=1}^{k} n_i (x_i - \bar{x})$ la somme des écarts à la moyenne. Notons (1) cette somme.

$$(1) = \sum_{i=1}^{k} (n_i x_i - n\bar{x})$$

$$(1) = \sum_{i=1}^{k} (n_i x_i) - \sum_{i=1}^{k} (n_i \bar{x})$$

$$(1) = \sum_{i=1}^{k} (n_i x_i) - \bar{x} \sum_{i=1}^{k} n_i$$

Si $\sum_{i=1}^{k} n_i = N$ est l'effectif global et $\bar{x} = \frac{\sum_{i=1}^{k} n_i x_i}{N}$

alors $\sum_{i=1}^{k} n_i = N\bar{x}$

et (1) = $N\bar{x} - \bar{x}N = 0$

2.2.3. Effets de structure

Salaires moyens mensuels (euros)			Effectifs	
Entreprise	Hommes	Femmes	Hommes	Femmes
A	1 300	1 100	10	90
B	1 200	1 000	90	10

Les salaires moyens des hommes et des femmes sont plus élevés dans l'entreprise A que dans l'entreprise B.

Or dans l'entreprise A il y a 10 hommes et 90 femmes et dans l'entreprise B il y a 90 hommes et 10 femmes, chaque entreprise ayant donc 100 salariés.

Le salaire moyen dans A sera de : (10% x 1300 €) + (90% x 1100 €)

soit 130 €+990 € = 1120 euros en A.

En B il sera de : (90% x 1200 €) + (10% x 1000 €) soit 1080 € + 100 € = 1180 euros en B.

Le salaire moyen en B est plus élevé qu'en A.

C'est contraire aux premières comparaisons issues du tableau de données : cela est dû à ce qu'on appelle un effet de structure.

Dans les deux entreprises les pourcentages d'hommes et de femmes sont différents.

Dans A les salaires par catégorie sont plus élevés qu'en B, mais comme il y a proportionnellement plus de femmes que d'hommes en A qu'en B, le salaire moyen toutes catégories confondues est inférieur en A.

Quand on compare des moyennes, il faut faire attention aux effets de structure qui peuvent induire en erreur quant aux conclusions que l'on émet. Il faut essayer de comparer à structure équivalente.

Pour corriger cet effet de structure, on peut calculer un salaire « standardisé ».

Pour cela il faut se référer à une population-type, que l'on obtiendra en faisant la somme ou la moyenne des deux populations étudiées et en calculant la répartition par sexe de cette population-type. Compte tenu des proportions d'hommes et de femmes dans l'entreprise A et B, quand on additionne les populations des deux entreprises, on a autant de femmes que d'hommes et donc, on peut dire que dans la population totale des entreprises A et B, il y a 50% d'hommes et 50% de femmes.

Le salaire standardisé en A, compte tenu de cette proportion est :

(0,5x1300+0,5x1100) euros = 650 €+ 550 €= 1200 euros.

Le salaire standardisé en B, compte tenu de cette proportion est :

(0,5x1200+0,5x1000) euros = 600 €+ 500 €= 1100 euros.

Cette fois, si on compare les salaires standardisés on a bien un salaire moyen en A qui est supérieur au salaire moyen en B.

On a ainsi éliminé l'effet de structure dans le calcul du salaire moyen.

Cette méthode est notamment utilisée en démographie, par exemple quand on veut comparer des taux de mortalité en éliminant les effets dus à deux structures d'âge différentes. Quand on ne dispose pas des taux de mortalité par tranche d'âge, on construit comme dans l'exemple ci-dessus, une population-type à l'aide des sous-populations étudiées, en utilisant la structure par âge de la somme des sous-populations.

Cet exemple peut être étendu à des variables autres que l'âge.

Exercice 5 : effet de structure

Il existe plusieurs indicateurs pour mesurer l'impact de la mortalité dans une population. Nous allons en utiliser trois pour tenter de savoir si le risque de mourir est le même dans deux hôpitaux que nous désignerons par A et B. Si ce n'est pas le cas, nous chercherons à expliquer la différence.

Nous utiliserons les trois indicateurs suivants pour comparer la mortalité dans les deux hôpitaux : le taux brut de mortalité, le taux de mortalité spécifique selon l'âge et le taux de mortalité standardisé pour l'âge, sachant que par « population », nous entendons « population d'un hôpital », soit le nombre de patients.

Dans la feuille *5. effet de structure* du classeur, vous trouverez les tableaux suivants :

Hôpital A		
Âge (années)	Morts	Patients
< 50	10	500
>= 50	50	1 000
Total :		

Hôpital B		
Âge (années)	Morts	Patients
< 50	30	1 000
>= 50	30	500
Total :		

Taux de mortalité						
	Hôpital A			Hôpital B		
	< 50	>= 50	total	< 50	>= 50	total
Taux brut						
Taux spécifiques selon l'âge						
Proportion de la population			100%			100%
Taux standardisés						

Introduisez les formules de calcul des totaux dans les deux premiers tableaux.

Complétez le troisième tableau en plaçant les taux bruts et les taux standardisés dans les colonnes « total » et en utilisant les définitions qui suivent pour construire vos formules.

Commentez et concluez dans une zone de texte.

Définitions :

Taux brut de mortalité (décès pour 1 000 patients) = (décès / nombre de patients) $\times 1000$

Le taux de mortalité spécifique selon l'âge est défini comme le taux brut, mais il s'applique aux tranches d'âge.

Taux de mortalité standardisé pour l'âge = somme sur les tranches d'âge de (proportion de la population de référence dans une tranche d'âge) par (taux de mortalité spécifique à cette tranche), soit :

$\sum_{\substack{tranches \\ d'\hat{a}ge}}$ (proportion de la population dans la tranche) $\times$ (taux de mortalité spécifique à la tranche).

Le taux de mortalité standardisé pour l'âge est donc une moyenne pondérée des taux par tranche d'âge. La pondération donne à chaque taux une importance proportionnelle à la population de la tranche.

Corrigé :

Hôpital A		
Âge (années)	Morts	Patients
< 50	10	500
>= 50	50	1 000
Total :	60	1 500

Hôpital B		
Âge (années)	Morts	Patients
< 50	30	1 000
>= 50	30	500
Total :	60	1 500

Taux de mortalité						
	Hôpital A			Hôpital B		
	< 50	>= 50	total	< 50	>= 50	total
Taux brut			40			40
Taux spécifiques selon l'âge	20	50		30	60	
Proportion de la population	50%	50%	100%	50%	50%	100%
Taux standardisés			35			45

Quand on calcule les taux bruts de mortalité dans les hôpitaux A et B, on obtient le même résultat, à savoir 40 pour mille. Mais lorsque l'on calcule les taux de mortalité spécifiques par âge, on se rend compte que l'on a moins de risques de mourir dans l'hôpital A que dans l'hôpital B, le taux de mortalité des moins de 50 ans étant de 20 pour mille dans l'hôpital A et de 30 pour mille dans l'hôpital B ; pour les plus de 50 ans, le taux de mortalité de 50 pour mille en A est inférieur au taux de mortalité de 60 pour mille dans l'hôpital B. Si la comparaison des taux bruts de mortalité ne rend pas compte de cette mortalité moindre en A, cela est dû à un effet de structure, l'hôpital A soignant relativement plus de patients âgés que l'hôpital B (il y a 2/3 de plus de 50 ans dans l'hôpital A, contre 1/3 dans l'hôpital B) et les personnes plus âgées ont plus de risques de mourir que les jeunes, indépendamment de leur hospitalisation. Aussi pour pouvoir comparer la mortalité dans les deux hôpitaux, on va éliminer cet effet de structure d'âge, en se référant à la structure d'âge d'une population type obtenue en faisant la somme, d'une part des moins de 50 ans dans les deux hôpitaux, d'autre part des plus de 50 ans dans les deux hôpitaux. Comme dans chaque cas, on trouve 1500 personnes/3000, les taux de référence de la population type sont 50% de moins de 50 ans et 50% de plus de 50 ans. Pour pouvoir comparer la mortalité en A et celle en B, on va alors calculer un taux standardisé en appliquant les taux de mortalité spécifiques par âge de chaque hôpital à la population de référence. On obtient ainsi un taux standardisé de 35 pour mille dans l'hôpital A, inférieur au taux standardisé de 45 pour mille dans l'hôpital B. En se servant des taux standardisés, on retrouve bien une mortalité inférieure dans l'hôpital A à celle de l'hôpital B, ce correspond aux observations effectuées sur les taux de mortalité spécifiques selon l'âge dans les deux hôpitaux.

2.3. Les autres moyennes

Nous allons voir maintenant qu'il existe d'autres moyennes que la moyenne arithmétique et dans quelles circonstances utiliser celle-ci plutôt que celles-là ?

2.3.1. La moyenne géométrique

2.3.1.2. Définition

Imaginons que les prix croissent de 5% l'année *n*, de 2% l'année *n*+1 et de 1% l'année *n*+2. De combien les prix auront-ils crû chaque année en moyenne entre l'année *n* et l'année *n*+2 ?

Soit P_0, le prix au début de l'année *n*.

A la fin de l'année *n* le prix sera $P_1 = P_0 + 5\%P_0 = P_0(1+0{,}05) = P_0\text{x}1{,}05$.

A la fin de l'année *n*+1 le prix sera $P_2 = P_1 + 2\%P_1 = P_1\,(1+0{,}02) = P_1\text{x}1{,}02$.

A la fin de l'année *n* + 2 le prix sera :

$P_3 = P_2 + 1\%\,P_2 = P_2\,(1+0{,}01) = P_2\,\text{x}1{,}01$.

soit $P_3 = P_0\,(1{,}05)(1{,}02)(1{,}01)$

Le taux de croissance annuel moyen est le taux τ qui, appliqué trois années de suite, donnera le même résultat que les taux de croissance de chaque année considérée.

Autrement dit, le taux de croissance annuel moyen est τ tel que

$$P_3 = P_0(1+\tau)(1+\tau)(1+\tau) = P_0(1+\tau)^3 = P_0 \times 1{,}05 \times 1{,}02 \times 1{,}03$$

Soit $(1+\tau)^3 = (1{,}05)(1{,}02)(1{,}01)$

$$1+\tau = \sqrt[3]{1{,}05 \times 1{,}02 \times 1{,}01} = (1{,}05\text{x}1{,}02\text{x}1{,}01)^{1/3}$$

$1+\tau = 1{,}027$

On en déduit :

$\tau = 1{,}027 - 1 = 0{,}027 = 2{,}7\%$

Notons : $\text{x} = 1+\tau$

$x_1 = 1 + \tau_1$

$x_2 = 1 + \tau_2$

$x_3 = 1 + \tau_3$

alors $x = \sqrt[3]{x_1 x_2 x_3} = (x_1 x_2 x_3)^{\frac{1}{3}}$

On dit que x est la moyenne géométrique simple des trois coefficients annuels x_1, x_2, x_3 que l'on appelle aussi multiplicateurs (cf. infra).

Plus généralement, la moyenne géométrique simple d'une variable est égale à la racine kième du produit de k valeurs de cette variable.

On la note :

$g(x) = \sqrt[k]{x_1 x_2 \ldots x_k} = (x_1 x_2 \ldots x_k)^{1/k}$ quand les k périodes considérées sont de même durée (ici chaque valeur de la variable est observée sur une année : quel que soit i, $n_i = 1$).

Si les multiplicateurs successifs x_1, x_2..... x_k sont observés respectivement sur des durées n_1, n_2, ... n_k, alors la moyenne géométrique s'écrit :

$$g(x) = \sqrt[N]{x_1^{n_1} x_2^{n_2} \ldots x_k^{n_k}}$$

Avec $N = \sum_{i=1}^{k} n_i$

Soit :

$$g(x) = (x_1^{n_1} x_2^{n_2} \ldots x_k^{n_k})^{1/N}$$

avec $x_1, x_2, \ldots, x_k > 0$

La moyenne géométrique est notamment utilisée pour calculer des taux de croissance moyens.

2.3.2.2. Propriétés

$$g(x) = (x_1^{n_1} x_2^{n_2} \ldots x_k^{n_k})^{1/N}$$

comme $\ln(ab) = \ln(a) + \ln(b)$ avec $a>0$ et $b>0$

et $\ln(a^x) = x \ln(a)$

alors $\ln(g(x)) = \frac{1}{N}(n_1 \ln(x_1) + n_2 \ln(x_2) + ... + n_k \ln(x_k))$

soit : $\ln(g(x)) = \frac{1}{N}\sum_{i=1}^{k} n_i \ln(x_i)$

Le logarithme de la moyenne géométrique d'une distribution est égal à la moyenne arithmétique pondérée des logarithmes des valeurs prises par la variable.

2.3.2. La moyenne harmonique

La moyenne harmonique est utilisée dans des cas où la variable étudiée est un rapport de deux variables, comme dans le calcul d'une vitesse moyenne (nombre de kilomètres divisé par nombre d'heures) ou celui d'une densité moyenne (nombre d'habitants divisé par nombre de m^2), etc.

Exemple :

Une voiture roule pendant 200 kilomètres à 50 km/h, puis pendant 100 kilomètres à 100 km/h.

Quelle est sa vitesse moyenne sur son trajet ?

Cette vitesse moyenne sera égale au rapport entre la distance parcourue et le temps de trajet :

Soit 200 + 100 = 300 kilomètres parcourus.

$$\frac{300}{\frac{200}{50} + \frac{100}{100}} = \frac{300}{5} = 60\ km/h$$

soit :

200 km à 50 km/h durent 4 heures

100 km à 100 km/h durent 1 heure

Le trajet dure donc 5 heures pour 300 kilomètres parcourus : la vitesse moyenne est bien de 60 km/h

Si on note x_i la vitesse et n_i la distance parcourue à cette vitesse, la vitesse moyenne est donnée dans le cas général par :

$$h(\mathrm{x}) = \frac{\sum_{i=1}^{k} n_i}{\sum_{i=1}^{k} \frac{n_i}{x_i}} \text{ ou } \frac{1}{h(x)} = \frac{1}{N}\sum_{i=1}^{k}\frac{n_i}{x_i}$$

Remarque :

L'inverse de la moyenne harmonique $h(x)$ est égal à la moyenne arithmétique pondérée des inverses de la valeur de la variable.

Dans le cas général $h(x) = \frac{\sum_{i=1}^{k} n_i}{\sum_{i=1}^{k} \frac{n_i}{x_i}}$

Dans le cas d'une moyenne non pondérée, c'est-à-dire quand pour tout i, n_i=1

$$h(x) = \frac{\sum_{i=1}^{k} n_i}{\frac{1}{x_1}+\frac{1}{x_2}+\ldots+\frac{1}{x_k}} = \frac{k}{\frac{1}{x_1}+\frac{1}{x_2}+\ldots+\frac{1}{x_k}}$$

et $\frac{1}{h(x)} = \frac{1}{k}(\frac{1}{x_1}+\frac{1}{x_2}+\ldots+\frac{1}{x_k})$

2.3.3. La moyenne quadratique

$q(x) = \sqrt{\frac{1}{\sum n_i}\sum_{i+1}^{k} n_i x_i^2} = (\frac{\sum n_i x_i^2}{\sum n_i})^{1/2}$ dans le cas d'une moyenne pondérée.

$q(x) = \sqrt{\frac{1}{k}\sum_{i=1}^{k} n_i x_i^2} = \sqrt{\frac{x_1^2 + x_2^2 + \ldots + x_k^2}{k}}$ dans le cas d'une moyenne non pondérée.

La moyenne quadratique intervient dans la définition d'autres indicateurs statistiques, tels que la variance ou l'écart-type.

Exercice 6 : moyennes

Ouvrez la feuille *6. moyennes* du classeur

Entrez dans le troisième tableau les calculs de moyennes. Vous disposez de fonctions du tableur (Calc ou Excel) pour les trois premières. Pour le calcul de la moyenne quadratique, vous disposez de la fonction *SOMME.CARRES*.

> Pour calculer un carré, la fonction puissance peut s'écrire puissance(nombre ;2) ou bien nombre^2.
>
> Pour élever un nombre à la puissance *n*, on peut également écrire puissance(nombre ; *n*) ou nombre^n ; quand on élève un nombre à la puissance 1/*n*, avec *n* différent de 0, la syntaxe est puissance(nombre ; 1/*n*) ou nombre^(1/*n*).

Vérifiez que $h<g<m<q$ (On démontre que c'est toujours le cas).

Applications :

Pour répondre aux questions suivantes, vous devrez trouver quelle moyenne doit être utilisée.

1. Une entreprise comporte trois salariés dont les salaires nets sont respectivement de 2 300, 1 100 et 800 euros. Quel est le salaire moyen dans cette entreprise ?

2. Deux départements ont la même population. Dans l'un, il y a une voiture pour 4 habitants et dans l'autre une voiture pour 12 habitants. Quel est le taux d'équipement moyen de la région formée par ces deux départements ?

3. En France, la croissance du PIB a été de 1,1% en 2003, 2,3% en 2004 et 1,2% en 2005. Quel a été le taux de croissance annuel moyen sur ces trois années ?

Corrigé :

Vous devez utiliser :

1. une moyenne arithmétique pour la première question (le salaire moyen est de 1400 euros) ;

2. une moyenne harmonique pour la deuxième question (le taux d'équipement est un nombre de voitures divisé par un nombre d'habitants ; c'est donc un rapport de deux variables et le taux d'équipement moyen que vous devez trouver est d'une voiture pour 6

habitants) ;

3. une moyenne géométrique pour la troisième question, la moyenne recherchée étant une moyenne de taux de croissance. Le taux de croissance annuel moyen que vous devez trouver est de 1,5%.

2.4. La variance et l'écart-type

2.4.1. Définitions

Dans la pratique l'indicateur le plus souvent utilisé pour mesurer la dispersion d'une série est l'écart-type qui est obtenu à partir de la variance.

Un statisticien penserait en premier lieu, pour mesurer la dispersion d'une distribution, à calculer les écarts à la moyenne, à en faire la somme et à diviser cette somme par l'effectif total, c'est-à-dire à faire la moyenne des écarts à la moyenne.

Notons N l'effectif total : $N = \sum_{i=1}^{n} n_i$

L'écart de l'observation x_i à la moyenne $\bar{x}$ s'écrit $x_i - \bar{x}$

La somme des écarts à la moyenne s'écrit $\sum_i n_i(x_i - \bar{x})$

Nous avons vu que cette somme était nulle car $\sum_i n_i x_i = N\bar{x}$, les écarts positifs à la moyenne compensant les écarts négatifs.

Pour éviter cela, on calcule le carré des écarts à la moyenne, et on fait leur moyenne. On obtient ainsi la formule de la variance :

$$V(x) = \frac{\sum_i n_i(x_i - \bar{x})^2}{N} \qquad \text{avec } N = \sum_{i=1}^{k} n_i$$

En élevant au carré, on obtient uniquement des nombres positifs, qui ne peuvent pas se compenser.

Et comme la variance prend en compte le carré du caractère, on préfère prendre comme indicateur de dispersion la racine carrée de la variance que l'on appelle écart-type et que l'on note $\sigma(x)$.

$$\sigma(x) = \sqrt{V(x)} = \sqrt{\frac{\sum_i n_i (x_i - \overline{x})^2}{N}}$$

Du point de vue de l'unité des observations, considérer l'écart-type est plus parlant que la variance. Par exemple si on étudie des tailles, la variance s'exprimera en mètres carrés ou en centimètres carrés, alors que l'écart-type s'exprimera dans la même unité que la série observée, à savoir en mètres ou en centimètres.

La formule de définition de la variance entraîne des calculs compliqués. Aussi utilise-t-on une formule dite développée qui facilite les calculs.

$$V(x) = \frac{\sum_i (n_i x_i^2 - 2 n_i x_i \overline{x} + n_i \overline{x}^2)}{N}$$

$$= \frac{\sum_i n_i x_i^2}{N} - 2\overline{x}\frac{\sum_i n_i x_i}{N} + \frac{\sum_i n_i \overline{x}^2}{N}$$

$$= \frac{\sum_i n_i x_i^2}{N} - 2\overline{x}\overline{x} + \overline{x}^2 \frac{\sum_i n_i}{N}$$

$$= \frac{\sum_i n_i x_i^2}{N} - 2\overline{x}^2 + \overline{x}^2 \frac{N}{N}$$

$$= \frac{\sum_i n_i x_i^2}{N} - 2\overline{x}^2 + \overline{x}^2$$

$= \dfrac{\sum_i n_i x_i^2}{N} - \overline{x}^2$ soit, la « moyenne des carrés moins le carré de la moyenne ».

2.4.2. Propriétés de la variance et de l'écart-type

2.4.2.1. multiplication par une constante

Si on multiplie un caractère x par un facteur a, qu'advient-il de l'écart-type et de la variance du caractère ?

Soit $y = ax$, $a \in \Re$

alors :

$$V(y) = \frac{\sum n_i y_i^2}{N} - \bar{y}^2 = \frac{\sum n_i a^2 x_i^2}{N} - a^2\bar{x}^2 = a^2\left[\frac{\sum n_i x_i}{N} - \bar{x}^2\right]$$

soit $V(y) = a^2V(x)$.

L'écart-type est multiplié par le facteur a et la variance par le carré du facteur.

2.4.2.2. addition d'une constante

Si on ajoute une constante b à un caractère x, qu'advient-il de la variance et de l'écart-type du caractère ?

Soit $y = x + b$

$y - \bar{y} = x_i + b - \bar{x} - b = x_i - \bar{x}$

et $\bar{y} = \bar{x} + b$

alors $V(y) = \frac{\sum n_i (y_i - \bar{y})^2}{N} = \frac{\sum n_i (x_i + b - \bar{x} - b)^2}{N}$

soit, $V(y) = V(x)$

L'écart-type et la variance du caractère ne sont pas modifiés

2.4.2.3. transformation linéaire

Si on combine les deux opérations précédentes, soit $y = ax + b$, on obtient pour la variance et l'écart-type les résultats suivants :

$V(y) = a^2V(x)$

2.4.2.4. La variance et l'écart-type sont toujours positifs.

$$\sigma(x) = \sqrt{V(x)} = \sqrt{\frac{1}{N}\sum_{1}^{k} n_i (x_i - \bar{x})^2}$$

En effet, dans le calcul de la variance interviennent les carrés des écarts et les effectifs, et l'écart-type est une racine carrée.

L'écart-type peut être considéré comme la moyenne quadratique des écarts à la moyenne arithmétique.

2.4.3. Le coefficient de variation

L'écart-type présente, comme l'intervalle interquartile, une limite en tant qu'indicateur de dispersion.

Comme il est exprimé dans la même unité que celle de la variable étudiée, on ne peut pas comparer des variables de nature différente.

Aussi pour cette raison, si l'on veut effectuer des comparaisons, il vaut mieux utiliser ce qu'on appelle le coefficient de variation défini comme le rapport entre l'écart-type et la moyenne en valeur absolue :

$$C(x) = \frac{\sigma(x)}{|\bar{x}|}$$

C'est un nombre sans unité permettant de comparer les dispersions de toutes les distributions quelle que soit la nature des variables observées.

Par exemple, si on observe une distribution de revenus exprimés en euros, moyenne et écart-type seront également exprimés en euros, mais le coefficient de variation sera un nombre sans unité, ce qui permettra par exemple de comparer cette distribution avec une distribution de revenus exprimés en yens.

Exercice 7 : écart-type

Ouvrez la feuille *7. écart-type*.

Vous y trouverez le tableau ci-dessous indiquant les notes attribuées par deux enseignants à quatre groupes d'étudiants.

Notes de l'enseignant 1 dans le groupe 1	Notes de l'enseignant 1 dans le groupe 2	Notes de l'enseignant 2 dans le groupe 3	Notes de l'enseignant 2 dans le groupe 4
5,5	2,5	4,5	9,5
6,5	3	5	11
8,5	5	5,5	12
10,5	7	6,5	13
13	9	7	13
13,5	12	8	13,5
14	13	9	14,5
15	13,5	11	14,5
15	14	13,5	15
16	14,5	14,5	18,5
17	14,5	15	19
17	15	15	19
17,5	15	15,5	19,5
18,5	16	16,5	
	16,5	16,5	
	17	16,5	
	17,5	18	
	18	18	
		18	

Calculez pour chaque groupe la moyenne et l'écart-type, ainsi que la moyenne et l'écart-type pour chaque enseignant sur ses deux groupes.

Corrigé :

	Notes de l'enseignant 1 dans le groupe 1	Notes de l'enseignant 1 dans le groupe 2	Notes de l'enseignant 2 dans le groupe 3	Notes de l'enseignant 2 dans le groupe 4
Moyenne du groupe	13,39	12,39	12,29	14,77
Moyenne de l'enseignant 1	12,83			
Moyenne de l'enseignant 2	13,30			
Ecart-type du groupe	4,15	4,95	4,91	3,29
Écart-type de l'enseignant 1	4,57			
Écart-type de l'enseignant 2	4,44			

La moyenne des notes attribuées par l'enseignant 1 est inférieure à la moyenne des notes attribuées par l'enseignant 2. L'écart à la moyenne de l'enseignant 1, mesuré par l'écart-type est supérieur à celui de l'enseignant 2.

Comment interpréter ces résultats ?

Pour les moyennes, soit les étudiants des groupes 1 et 2 obtiennent de moins bons résultats que ceux des groupes 3 et 4, soit l'enseignant 1 note plus sévèrement que l'enseignant 2.

Pour l'écart-type, soit les résultats des étudiants des groupes 3 et 4 sont plus homogènes (ou plus resserrés autour de la moyenne) que ceux des groupes 1 et 2, soit l'enseignant 2 note sur une échelle moins étendue que l'enseignant 1.

Avec si peu d'éléments, il est difficile d'interpréter les résultats. Il serait souhaitable de disposer d'un ensemble plus vaste de notes de ces enseignants.

3. Indices et taux de variation

3.1. Les indices élémentaires

3.1.1. Définition

Les indices servent à comparer les états d'une même variable dans deux situations différentes, une situation prise comme référence et une autre situation que l'on compare à la première.

La situation de référence sera dite *situation de base* et celle qui lui est comparée sera dite *situation courante*.

Par exemple, on construit des indices quand on veut comparer le prix d'un bien entre deux dates ou bien la production d'un bien entre deux dates.

Prenons le prix d'un bien l'année n : 80 euros

L'année $n+1$: 85 euros.

Pour comparer les valeurs prises par le prix du bien entre ces deux années (deux situations), on fait leur rapport, ce qui permet d'éliminer les unités de mesure, puis, on multiplie le rapport par 100 pour éliminer des décimales.

Cela donne pour le prix du bien considéré : $\frac{85}{80}\times100=106$ qui est l'indice du prix du bien l'année $n+1$ par rapport à l'année n, où l'indice du prix a été fixé à 100.

Autre exemple, l'indice de la production d'électricité en France :

	1999	2000
Production(TWh)	524	540
Indice	100	103

L'année de référence est 1999 et l'on compare la production de 2000 à celle de 1999. On donne la valeur 100 à l'indice pour l'année de référence. La valeur 103 pour l'indice de 2000 est obtenue en faisant le rapport production en 2000 / production en 1999, soit 540/524, et en le multipliant par 100. Que nous dit cet indice ? Que la production d'électricité a augmenté de 3% de 1999 à 2000.

De façon plus générale, quand on construit un indice pour comparer deux situations différentes, on considère la valeur prise dans la situation courante, qui est appelée situation un et on considère la valeur prise dans la situation de base, qui est appelée la situation zéro.

L'indice qui permet de comparer ces deux situations est noté $I_{1/0}$

Il est obtenu en faisant le rapport entre la valeur de la variable prise dans la situation 1 (V_1) et celle prise dans la situation 0 (V_0), puis en multipliant ce résultat par 100 :

$$I_{1/0} = \frac{V_1}{V_0} \times 100$$

Il est appelé indice élémentaire : c'est l'indice relatif à la variable V entre la situation courante et la situation de base.

3.1.2. Propriétés des indices élémentaires

3.1.2.1. Donnée de référence

L'indice se calcule à partir d'une donnée de référence qui sert de base au calcul. L'indice correspondant à cette donnée initiale vaut 100 :

$$I_{0/0} = \frac{V_0}{V_0} \times 100 = 100$$

3.1.2.2. Les indices élémentaires sont transférables

Si l'on considère trois situations consécutives où la variable étudiée prend les valeurs respectives V_0, V_1, V_2.

Si l'on cherche à comparer la situation courante qui cette fois-ci est V_2 par rapport à la situation de base qui est V_0 :

Comme $\frac{V_2}{V_0} = \frac{V_2}{V_1} \times \frac{V_1}{V_0}$

alors

$$\frac{V_2}{V_0} \times 100 = \frac{V_2}{V_1} \times \frac{V_1}{V_0} \times 100$$

et comme $I_{2/0} = \frac{V_2}{V_0} \times 100$, $I_{2/1} = \frac{V_2}{V_1} \times 100$ et $I_{1/0} = \frac{V_1}{V_0} \times 100$

alors $I_{2/0} = \frac{I_{2/1}}{100} \times \frac{I_{1/0}}{100} \times 100 = I_{2/1} \times I_{1/0} \times \frac{1}{100}$

Cela signifie qu'on peut multiplier les indices successifs.

Ainsi, si l'on sait que l'indice des prix entre 0 et 1, base 0 est 115 et l'indice des prix entre 1 et 2, base 1 est 125, l'indice des prix entre 0 et 2, base 0 sera donné par $I_{2/0} = 115 \times 125 \times \frac{1}{100} = 144$

On peut donc calculer un indice relatif à deux situations (une situation initiale et une situation finale) en faisant le produit des indices des situations intermédiaires et en divisant par 100 autant de fois qu'il y a de situations intermédiaires.

3.1.2.3. Les indices élémentaires sont réversibles

Cela signifie que l'on peut exprimer $I_{0/1}$ en fonction de $I_{1/0}$:

Comme $I_{1/0} = \frac{V_1}{V_0} \times 100$

alors $\frac{1}{I_{1/0}} = \frac{V_0}{V_1 \times 100}$

Comme $I_{0/1} = \frac{V_0}{V_1} \times 100$

alors $I_{0/1} = \frac{1}{I_{1/0}} \times 100^2$

Exercice 8: indice 1

Affichez la feuille *8. indice1*. Vous y trouverez le tableau suivant :

L'électricité en France **Production brute et consommation d'électricité (en TWh)**								
	1973	1979	1985	1990	1995	1998	1999	2000
PRODUCTION NATIONALE	182	241	344	420	493	510	524	540
Hydraulique	48	68	64	58	77	67	78	73
Thermique nucléaire	15	40	224	314	377	388	394	415
Thermique classique	119	134	56	48	39	56	52	52
SOLDE DES ÉCHANGES	-3	6	-23	-46	-70	-58	-63	-70
Importations	5	16	6	7	3	5	5	4
Exportations	-8	-11	-29	-52	-73	-62	-68	-73
POMPAGES	0	-1	-2	-5	-4	-6	-6	-7
CONSOMMATION DES AUXILIAIRES	-8	-10	-16	-20	-22	-23	-24	-24
CONSOMMATION	171	236	303	350	397	424	431	440
Source : Observatoire de l'Énergie d'après EDF								

Supprimez les lignes du tableau, excepté les lignes *production* et *consommation*.

Ajoutez au tableau une ligne *Indice de la production (base 100 = 1973)* et une ligne *Indice de la consommation (base 100 = 1973)*.

Entrez les valeurs 100 pour les indices de 1973.

Introduisez sur les lignes « *Indice…* » et dans les cellules de la colonne 1979 les formules de calcul de l'indice. Écrivez ces formules, en utilisant des références qui puissent être recopiées vers la droite.

Recopiez ces formules vers la droite pour obtenir les valeurs des indices les autres années.

Placez sur un graphique les courbes d'évolution de la production et de la consommation. Faites un autre graphique pour les indices. Comparez dans une zone de texte.

Corrigé :

L'électricité en France Production brute et consommation d'électricité (en Twh)								
	1973	1979	1985	1990	1995	1998	1999	2000
PRODUCTION NATIONALE	182	241	344	420	493	510	524	540
Indice de la production (base 100 =1973)	100	132	189	231	271	280	288	297
CONSOMMATION	171	236	303	350	397	424	431	440
Indice de la consommation (base 100 =1973)	100	138	177	205	232	248	252	257
Production d'électricité thermique	119	134	56	48	39	56	52	52
Indice de production d'électricité thermique	100	113	47	40	33	47	44	44
Source : Observatoire de l'Énergie d'après EDF								

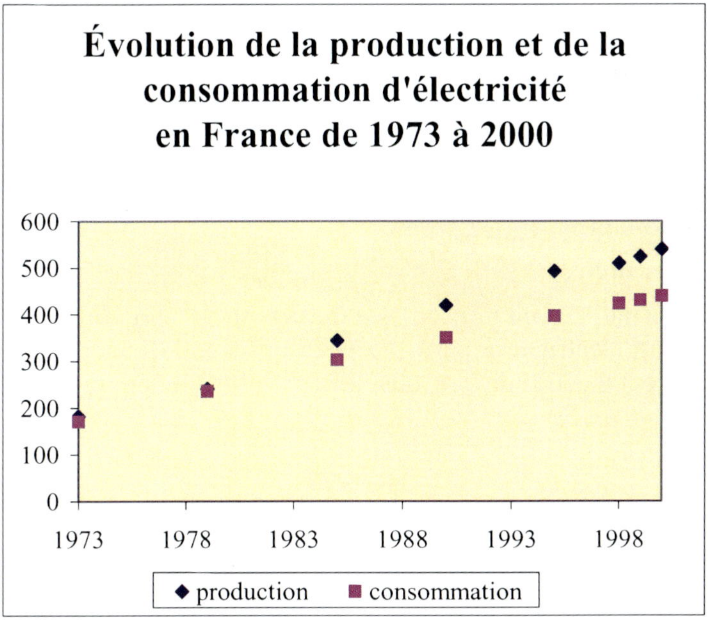

La production d'électricité a crû plus rapidement que la consommation en France de 1973 à 2000.

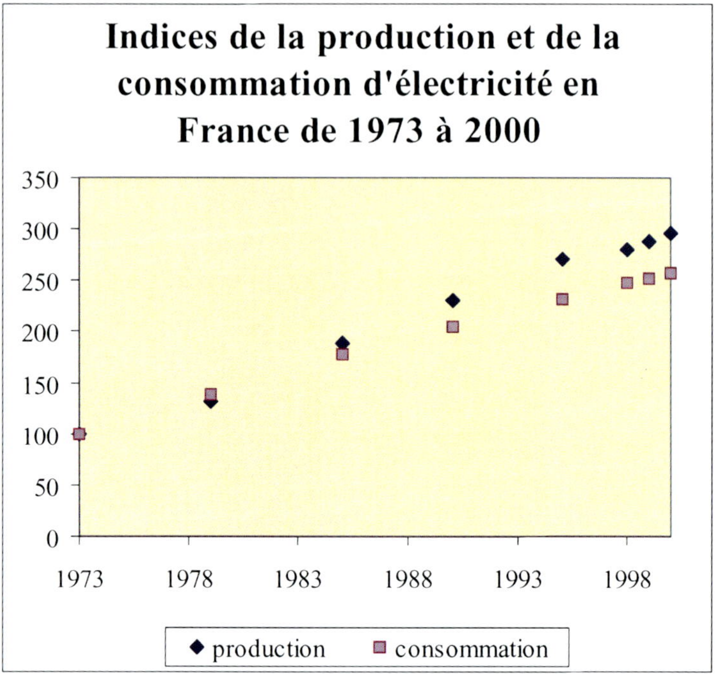

Les évolutions en termes d'indices sont, bien sûr, semblables à celles en termes de volumes.

Exercice 9 : indice 2

Nous allons maintenant utiliser les indices pour vérifier si les données de production d'électricité à partir de charbon dans la feuille *9. indice 2* correspondent à celles de la production d'électricité thermique classique de la feuille *8. indice 1.*

Affichez la feuille *8. indice 1.*

Ajoutez une ligne « *Indice de production d'électricité thermique classique (base 100 = 1973)* » et placez les valeurs de l'indice sur la ligne.

Affichez la feuille *9. indice 2.* Vous y trouverez les données suivantes :

Production d'électricité thermique (en millions de tonnes)						
1973	1979	1985	1990	1998	1999	2000
14,7	28,3	18,5	13,1	13,3	11,1	10,4
Source : Observatoire de l'Énergie, 2001						

Ajoutez au tableau une ligne « *Indice de production d'électricité thermique à partir de charbon (base 100 = 1973)* » et placez les valeurs de l'indice sur la ligne. Ajoutez une ligne supplémentaire au tableau et copiez les valeurs de l'indice de production d'électricité thermique classique (base 100 = 1973) calculées dans la feuille *8. indice 1* (attention vérifiez les années).

Obtient-on les mêmes valeurs pour les deux indices ? Concluez.

Corrigé :

Indices de production d'électricité (base 100 en 1973)						
1973	1979	1985	1990	1998	1999	2000
Indice de production d'électricité thermique à base de charbon						
100	193	126	89	90	76	71
Indice de production d'électricité thermique classique						
100	113	47	40	47	44	44

La production d'électricité thermique classique et la production d'électricité à base de charbon diminuent toutes les deux ; mais la production d'électricité thermique, toutes sources confondues, diminue plus que la production d'électricité thermique à base de charbon. Ceci signifie que les sources de production d'électricité thermique autres que le charbon (fuel, déchets, etc.) prennent une part de moins en moins importante dans la production d'électricité thermique.

3. 2. Taux de variation

Définition :

Le taux de variation d'une variable statistique entre deux états nommés zéro et un, zéro servant de base, est donné par la différence entre les valeurs prises par cette variable en zéro et en un, rapportée à la valeur prise en zéro :

$$\tau = \frac{V_1 - V_0}{V_0} = \text{(Valeur finale – Valeur initiale)/ Valeur initiale}$$

Il est d'usage courant de parler de taux de croissance, que le taux de variation soit négatif, positif ou nul.

Exemple :

Si le prix d'un bien passe entre deux périodes de 20 euros à 24 euros, le taux de variation est :

$$(24 - 20)/20 = \frac{4}{20} = 0{,}20 = 20/100 = 20\%$$

Le prix a augmenté de 20%.

Exercice 10 : taux de croissance

Nous allons dans l'exercice qui suit étudier l'évolution du PNB de la France de 1949 à 1962 au moyen d'une représentation graphique et du calcul de taux de croissance.

Affichez la feuille *10. taux de croissance* du classeur.

Elle contient le tableau suivant :

PNB de la France			
Années	PNB	Années	PNB
1949	13 324	1956	18 841
1950	14 450	1957	19 934
1951	15 331	1958	20 197
1952	15 730	1959	20 618
1953	16 176	1960	21 862
1954	16 958	1961	22 879
1955	17 942	1962	23 560

Nous allons construire deux graphiques, légèrement différents l'un de l'autre, à partir de cette série. Notre objectif est de trouver la représentation graphique qui mette le mieux en lumière la croissance du PNB.

1. Premier graphique :

À partir du tableau, faites un premier graphique de type *Dispersion (XY)* avec Calc ou *Nuages de points* avec Excel et choisissez comme sous-type des lignes sans marquage des points.

Corrigé :

Vous devez obtenir le graphique ci-dessous :

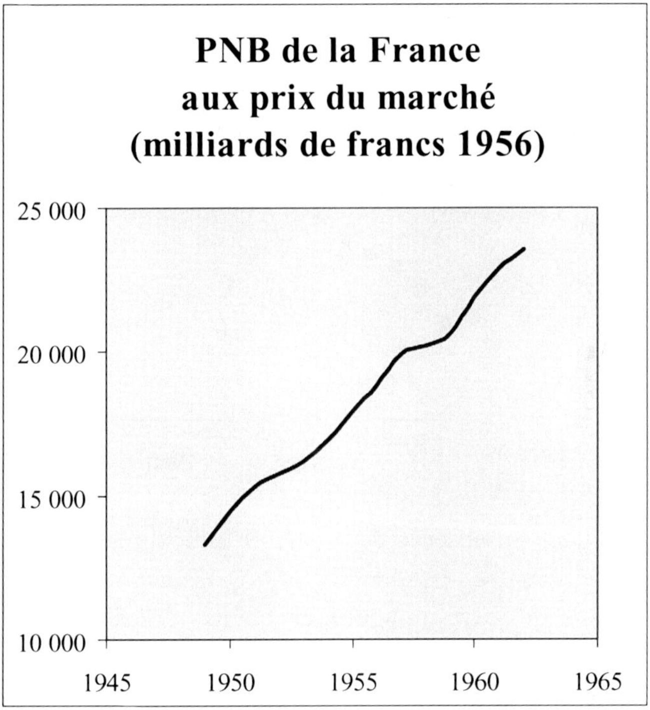

2. Second graphique :

Faites une copie du premier graphique et choisissez comme sous-type de graphique un affichage des points sans traits.

Corrigé :

On doit obtenir le graphique ci-dessous :

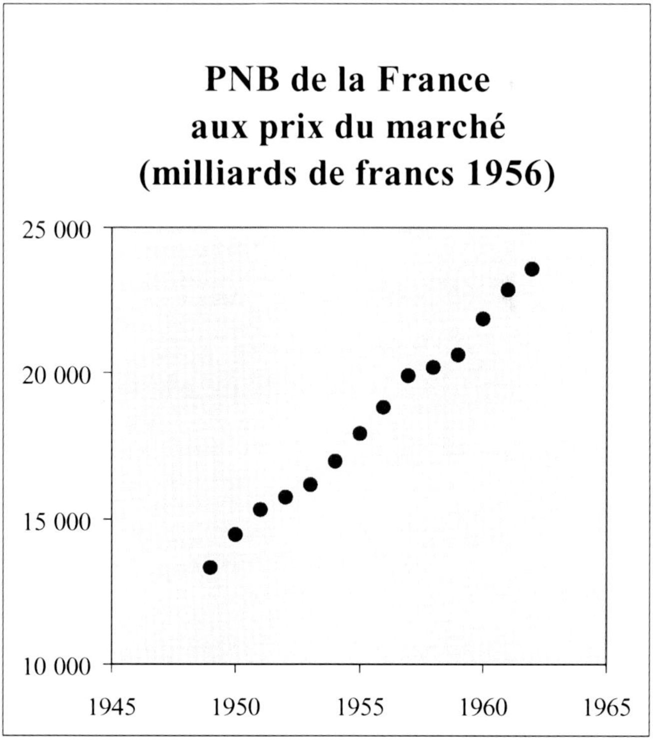

Sur les graphiques on observe deux ralentissements de la croissance du PNB.

3. Dans la zone de texte, indiquez en quelles années ont eu lieu ces ralentissements et leur durée.

Nous allons vérifier nos observations en calculant les taux de croissance annuels de 1950 à 1962.

En observant les taux de croissance, vérifiez que les ralentissements de la croissance (taux inférieur ou égal à 3%) sont bien ceux que vous avez indiqués et corrigez, si nécessaire, votre texte.

Corrigé :

PNB de la France aux prix du marché (milliards de francs 1956)		
Années	PNB	Croissance annuelle (%)
1949	13 324	
1950	14 450	8,45
1951	15 331	6,10
1952	15 730	2,60
1953	16 176	2,84
1954	16 958	4,83
1955	17 942	5,80
1956	18 841	5,01
1957	19 934	5,80
1958	20 197	1,32
1959	20 618	2,08
1960	21 862	6,03
1961	22 879	4,65
1962	23 560	2,98

Sur les graphiques, on observe deux ralentissements de la croissance : un premier entre 1952 et 1954 ; un second entre 1957 et 1959. Après calcul, on vérifie que les taux de croissance ont été inférieurs à 3% en 1952 et 1953, puis en 1958 et 1959.

3.3. Opérations sur les variations.

Attention, on ne peut pas faire d'opérations simples avec les taux de variation comme on en fait avec les indices parce qu'au numérateur, il y a une soustraction.

3.3.1. Addition et soustraction

Pour additionner ou soustraire des variations, on doit se ramener à des indices.

Comme le taux de variation est $\tau = \dfrac{V_1 - V_0}{V_0}$, soit

$$\tau = \frac{V_1}{V_0} - \frac{V_0}{V_0} = \frac{I_{1/0}}{100} - 1 = \frac{1}{100}(I_{1/0} - 100)$$

$\tau = (I_{1/0} - 100)/100$

et $I_{1/0} = 100\,(1 + \tau)$

Ces dernières formules nous donnent la relation entre taux de variation et indice.

Si l'indice $I_{1/0}$ est égal à 110, alors le taux de variation de la variable étudiée entre 0 et 1 est :

$$\text{Taux de variation} = \frac{1}{100}(110 - 100) = \frac{10}{100} = 0{,}10 = 10\%$$

Si l'indice $I_{1/0}$ est égal à 95, alors le taux de variation de la variable étudiée entre 0 et 1 est $\dfrac{1}{100}(95 - 100) = \dfrac{-5}{100} = -0{,}05 = -5\%$

Dans le premier cas, on a affaire à une croissance, dans le second à une diminution.

Une augmentation de 100% correspond à un doublement, soit un indice de 200 : (200-100)/100.

Prenons deux exemples pour voir l'intérêt d'utiliser des indices.

Exemple 1 :

Le prix d'un bien augmente de 10% entre t et t+1 et de 20% entre t+1 et t+2.

De combien a-t-il augmenté entre t et t+2 ?

entre t et t+1, il est passé de l'indice 100 à l'indice 110 ;

entre t+1 et t+2, il est passé de l'indice 100 à l'indice 120 ;

en raison de la transférabilité des indices (cf. supra),

entre t et t+2 il est passé de l'indice 100 à l'indice (110 × 120)/100= 13200/100= 132.

Le prix du bien a donc augmenté de 32% entre t et t+2.

On obtient un résultat différent de celui qu'on aurait obtenu si par erreur, on avait additionné les deux taux de variation : 10% + 20% = 30%.

On note que plus les taux de variation sont éloignés de 0 plus l'erreur est grande.

Exemple 2 :

Le taux d'intérêt nominal du livret A était de 3,5% en 2008. La hausse des prix étant de 2% cette même année, trouver le taux d'intérêt réel du livret A. Pour cela on doit diviser 103,5 (indice du taux d'intérêt nominal en 2008, base 100 en 2007) par 102 (indice de hausse des prix en 2008, base 100 en 2007) : on trouve 101,47, indice du taux d'intérêt réel en 2008, base 100 en 2007, ce qui correspond à un taux d'intérêt réel de 1,47% en 2008.

3.3.2. Différence entre point et pourcentage

Le point mesure les variations d'un taux :

Quand on annonce en 2007 que le taux de TVA - alors à 19,6% - pourrait augmenter de 5 points, cela signifie qu'il passerait de 19,6% à 24,6% (soit 19,6 + 5).

Dans ce cas, le taux de variation du taux de TVA serait de : $\frac{24{,}6-19{,}6}{19{,}6}=0{,}255=25{,}5\%$

C'est un résultat très différent de l'augmentation de cinq points du taux de TVA.

3.3.3. Les taux de variation ne sont pas réversibles

Contrairement aux indices, les taux de variation ne sont pas réversibles.

Cela signifie qu'une augmentation par rapport à une base 0 ne se traduira en aucun cas par une diminution de même taux par rapport à la base 1

Exemple 1 :

Un indice $I_{1/0}$ = 125 signifie que la valeur étudiée a augmenté de 25% dans la situation 1 par rapport à la situation 0.

Mais si maintenant on se place par rapport à la date 1 on aura :

$I_{0/1} = 1/I_{1/0} \text{ x } 100^2 = 1/125 \text{ x } 100^2 = 100/125 \text{ x } 100 = 0{,}8\text{x}100 = 80$, soit une diminution de 20% que l'on retrouve avec la formule du taux de variation.

Le taux de variation entre 1 et 0 est donc de

1/100 ($I_{0/1}$ -100) = 1/100 (80-100)= - 20/100

Donc une augmentation de 25% entre les dates 0 et 1 correspond à une diminution de 20% entre les dates 1 et 0.

C'est pourquoi il est toujours important de préciser quelle est la date de référence.

Exemple 2 :

Une dépêche de l'agence France-Presse datée du 1er janvier 2008 relate que dans la nuit du 31 décembre 2007, 372 voitures auraient été brûlées, ce qui correspond à une baisse par rapport à la nuit du 31 décembre 2006 où le nombre de voitures brûlées était de 397. L'agence indique que la baisse par rapport à l'année précédente est de – 6,72%. Or si on cherche à évaluer le taux de croissance du nombre de voitures incendiées en 2007 par rapport à 2006, il faut faire le calcul :

(Valeur en 2007 – valeur en 2006) / valeur en 2006

soit : (372-397)/397 = - 25/ 397 = -6,29%

La diminution de 6,72% indiquée par l'AFP a été obtenue en divisant le numérateur par la valeur de 2007, ce qui est une erreur.

3.4. Taux de croissance moyen et multiplicateur annuel moyen

3.4.1. Taux de croissance moyen

Reprenons un exemple de hausse des prix, soit :

2,5% entre t et t+1

5,1% entre t+1 et t+2

Par définition, on appelle taux de croissance moyen entre les dates t et t+2 le taux de croissance constant qui, appliqué entre t et t+1 puis entre t+1 et t+2, donne le même résultat que les deux taux différents appliqués successivement.

Si on appelle τ ce taux de croissance moyen, on a :

$P_t(1+\tau)(1+\tau) = P_{t+2}$, soit :

$(1+\tau)^2 = P_{t+2}/P_t = (P_{t+2}/P_{t+1}) \times (P_{t+1}/P_t) = 1{,}051 \times 1{,}025$

$(1+\tau)^2 = 1{,}0773$

$1+\tau = \sqrt{1{,}0773} = 1{,}0379$

$\tau = 0{,}0379$

Dans cet exemple on arrive à un taux de croissance moyen peu différent de la moyenne arithmétique des taux de croissance (3,8%), mais ce n'est pas toujours le cas, comme le montre l'exemple suivant :

Soit deux taux de croissance successifs, l'un de 3%, l'autre de 88%. Dans ce cas, la moyenne géométrique de 1+3% (1,03) et de 1+88% (1,88) est de 1,39 : le taux de croissance moyen est alors égal à 1,39-1, soit 0,39 ou 39%. La moyenne arithmétique des deux taux est de 45,5%.

Plus généralement, si on considère n taux de variation successifs x_1, x_2,….. , x_n et un taux moyen x_m vérifiant :

$$(1+x_m)^n = (1+x_1)(1+x_2)...(1+x_n)$$

le nombre $1+x_m$ est la moyenne géométrique de $1+x_1$, $1+x_2$….., $1+x_n$

$$1+x_m = \sqrt[n]{(1+x_1)....(1+x_n)} = (1+x_1).....(1+x_n)^{\frac{1}{n}}$$

3.4.2. Multiplicateur annuel et taux de croissance annuel moyen

On peut aussi calculer le taux de croissance annuel moyen à l'aide du multiplicateur annuel moyen.

Définition :

Soit V une variable quantitative mesurable. Elle prend la valeur V_0 l'année de départ, la valeur V_1 l'année suivante, V_2 la troisième année, etc.

Pour calculer le taux de croissance annuel moyen, qui appliqué n fois en partant de V_0, nous donne V_n, et que nous noterons *tam*, nous allons introduire un autre opérateur : le « multiplicateur annuel moyen » que nous noterons *mam* et qui est défini par la relation : *mam* = 1 + *tam*.

Nous avons :

$V_1 = m_1 V_0$

$V_2 = m_2 V_1$

...

$V_n = m_n V_{n-1}$

D'où, $V_n = m_n m_{n-1} \dots m_2 m_1 V_0$.

Si au lieu d'appliquer les multiplicateurs $m_1, m_2, \dots, m_{n-1}$ *et* m_n, nous utilisions un multiplicateur constant mam pour arriver au même résultat nous aurions :

$V_n = mam\, mam \dots mam\, mam\, V_0 = mam^n\, V_0$.

On en déduit que $mam = (V_n / V_0)^{1/n}$

Et puisque $mam = 1 + tam$, on a $tam = mam - 1$.

Puisque $mam^n = m_1 m_2 \dots m_{n-1} m_n$,

$mam = (m_1 m_2 \dots m_{n-1} m_n)^{1/n}$

On constate que *mam* est la moyenne géométrique des multiplicateurs $m_1, m_2, \dots, m_{n-1}$ et m_n.

Exemple :

En France, le taux de croissance en volume du PIB a été de 3,8 % en 1978 et de 3,3 % en 1979.

Calculez un taux de croissance annuel moyen sur ces deux années.

Réponse :

Nous aurons $mam = (m_1 m_2)^{1/2}$

$m_1 = 1 + 0,038 = 1,038$

$m_2 = 1 + 0,033 = 1,033$

et $mam = (1,038 \times 1,033)^{1/2}$, soit $mam = 1,0355$.

Ce qui nous donne un taux de croissance annuel moyen de 3,55 %.

Exercice 11 : multiplicateur 1

Vous avez pu constater au cours d'un exercice précédent que la croissance du PNB français a été régulière entre 1953 et 1957. Nous allons caractériser cette croissance régulière par un taux de croissance annuel moyen.

Ouvrez la feuille *11. multiplicateur 1.*

Vous devez trouver le tableau ci-dessous :

PNB de la France aux prix du marché (milliards de francs 1956)	
Années	PNB
1953	16 176
1954	16 958
1955	17 942
1956	18 841
1957	19 934

Dans le tableau contenant les valeurs du PNB, nommez PNB53 la cellule contenant le PNB de 1953 et PNB57 la cellule contenant le PNB de 1957.

Sous le tableau des PNB, ajoutez dans deux cellules les en-têtes *MAM* (*MAM* pour multiplicateur annuel moyen) et *TAM* (*TAM* pour taux de croissance annuel moyen).

Introduisez dans la cellule à droite de *MAM* la formule qui calcule le multiplicateur annuel moyen de 53 à 57 en utilisant les noms PNB53 et PNB57.

Introduisez dans la cellule à droite de *TAM* la formule qui calcule le taux de croissance annuel moyen à partir du multiplicateur annuel moyen.

Rappel : *MAM* = 1 + *TAM*

Ajoutez une colonne à droite du tableau. Donnez pour titre à cette colonne : *Vérification.*

Dans cette colonne, sur la ligne 1953, recopiez la valeur du PNB en 1953 et introduisez de 1954 à 1957 la formule de calcul du PNB qui utilise le *MAM.*

Vous devez trouver à peu de chose près la même valeur 1957 que celle qui est dans le tableau d'origine. Si ce n'est pas le cas, vérifiez vos formules.

Mettez en forme la colonne que vous venez d'ajouter. Et remplacez *Vérification* par *MAM.*

Années	PNB	MAM
1953	16 176	16 176
1954	16 958	17 043
1955	17 942	17 957
1956	18 841	18 920
1957	19 934	19 934

Corrigé :

Indications :

PNB57=PNB56.*MAM*

Or PNB56 = PNB55.*MAM*

Par suite, PNB57 = (PNB55.*MAM*). *MAM* = PNB55.MAM^2

De proche en proche, PNB57 = PNB53.MAM^4

soit MAM^4 = PNB57 / PNB53

et enfin *MAM* = $(PNB57 / PNB53)^{1/4}$

Vous devez trouver 5,4% pour *TAM*

Exercice 12 : multiplicateur 2

Ouvrez la feuille *12. multiplicateur 2*

La population des états du sud-ouest de l'Océan Indien en 1996 et 1999 figure dans le tableau suivant :

Population des états du sud-ouest de l'Océan Indien (en milliers)		
État	*1996*	*1999*
Mayotte	143	167
Comores	544	633
Réunion	710	805
Madagascar	15 050	16 980
Seychelles	77	85
Maurice	1 154	1 221
Total	17 677	19 891

Source : Images économiques du Monde, 2003.

Introduisez dans la colonne *MAM* les formules de calcul des multiplicateurs annuels moyens (*MAM*).

Introduisez dans la colonne *TAM* la formule de calcul des *TAM* à partir des *MAM*.

Triez le tableau par *TAM* décroissants.

Recherchez le *TAM* de la France de 1996 à 1999.

Comparez les taux de croissance dans une zone de texte.

Corrigé :

Population des états du sud-ouest de l'Océan Indien (en milliers)				
État	1996	1999	MAM	TAM
Mayotte	143	167	1,05	5,3%
Comores	544	633	1,05	5,2%
Réunion	710	805	1,04	4,3%
Madagascar	15 050	16 980	1,04	4,1%
Seychelles	77	85	1,03	3,3%
Maurice	1 154	1 221	1,02	1,9%
Total	17 677	19 891	1,04	4,0%
Source : Images économiques du Monde, 2003.				

	1996	1999	MAM	TAM
France métropolitaine (en milliers)	58 026	58 623	1,00	0,3%
Source : Gérard-François Dumont - Chiffres INSEE				

Le taux de croissance annuel moyen de la population française métropolitaine de 1996 à 1999 est nettement inférieur aux taux des états du sud-ouest de l'océan Indien.

Exercice 13 : révisions

Ouvrez la feuille *13. révisions*

Affichez la feuille CO_2. Vous y trouverez les données suivantes concernant les émissions de CO2 dans diverses parties du monde :

Émissions de CO2 (en millions de tonnes)							
en Mt CO2	1990	2008	Part 2008	Taux de croissance	Indice	MAM	TAM
États-Unis	4 869	5 596	0,19				
Europe	7 942	6 686					
Afrique	546	890					
Chine	2 244	6 550					
Inde	591	1 428					
Monde	20 965	29 381					
Source: Observatoire de l'énergie, d'après l'AIE (octobre 2010)							

Dans la colonne *Part 2008*, indiquez pour chaque partie du monde, le pourcentage d'émissions de CO2 en 2008 par rapport aux émissions de l'ensemble du monde. Affichez le résultat en utilisant le format *Nombre* avec deux décimales.

> Le nombre 0,19 équivaut à 19%. Le nombre 0,19 est affiché quand la cellule est au format *Nombre.* Si on souhaite afficher 19%, il faut mettre la cellule au format *Pourcentage.*

Dans la colonne *Taux de croissance*, entrez la formule appropriée et calculez le taux de croissance des émissions de C02 entre 1990 et 2008 pour chaque partie du monde et pour l'ensemble du monde.

Dans la colonne *Multiplicateur annuel moyen* entrez la formule appropriée et calculez celui-ci pour chaque partie du monde et pour le monde.

Dans la colonne *Taux de croissance annuel moyen*, entrez la formule appropriée et calculez celui-ci pour chaque partie du monde et pour l'ensemble du monde.

Dans la colonne *Indice*, entrez directement la formule qui donne l'indice atteint par les émissions de CO2 en 2008, à partir du taux de croissance, pour chaque partie du monde et pour l'ensemble, l'année de base étant en 1990.

Dans une zone de texte, faites un commentaire sur les taux de croissance des émissions de C02 sur l'ensemble de la période

Corrigé :

Émissions de CO2 (en millions de tonnes)							
en Mt CO2	1990	2008	Part 2008	Taux de croissance	Indice	Multiplicateur annuel moyen	Taux de croissance annuel moyen
États-Unis	4 869	5 596	0,19	0,15	115	1,008	0,01
Europe	7 942	6 686	0,23	-0,16	84	0,990	-0,01
Afrique	546	890	0,03	0,63	163	1,028	0,03
Chine	2 244	6 550	0,22	1,92	292	1,061	0,06
Inde	591	1 428	0,05	1,42	242	1,050	0,05
Monde	20 965	29 381		0,40	140	1,019	0,02
Source: Observatoire de l'énergie, d'après l'AIE (octobre 2010)							

4. Annexes

4.1. Le mode

Le mode est la modalité du caractère ou la valeur de la variable la plus fréquemment observée.

Prenons l'exemple de la répartition par âge d'un groupe de 30 étudiants dans un cours.

Le mode est 21 ans. C'est la valeur de la variable qui a la fréquence la plus élevée : 11/30.

Âge	Effectif n_i	Fréquence f_i	Effectif cumulé N_i	Fréquence cumulée F_i
18	2	2/30 = 6,7%	2	2/30 = 6,7%
19	4	4/30 = 13,3%	6	6/30 = 20%
20	9	9/30 = 30%	15	15/30 = 50%
21	11	11/30 = 36%	26	26/30= 86,7%
22	4	3/30 = 10%	30	30/30= 100%
Total	30	1 = 100%		

Graphiquement, selon que l'on se situe dans le cas d'un caractère discret ou continu, ce sera le « bâton » ou le « tuyau » le plus élevé.

Dans le cas continu, on parle de classe modale.

Voir l'exemple du revenu dans une population donnée :

En euros	Effectifs
[0,1000[	30
[1000, 3000[	40
[3000,4000]	10

La classe modale est la tranche [0,1000[.

En effet, on fait comme si les effectifs étaient répartis de façon homogène à l'intérieur de la classe [1000,3000[, soit un effectif de 20 pour les deux sous-classes [1000, 2000[et [2000, 3000[.

Il peut y avoir plusieurs modes c'est-à-dire deux pics qui sont identiques. Dans l'exemple des étudiants on aurait pu avoir 10 étudiants qui aient 20 ans et 10 qui en aient 21 : on aurait eu deux modes : 20 et 21 ans.

4.2. Généralisation de la notion de moyenne

Les quatre moyennes que l'on vient de voir sont quatre cas particuliers d'une forme générale de la moyenne :

Soit une série statistique prenant les valeurs $x_1, x_2, \quad , x_k$.

On appelle moyenne de la série x, le nombre m vérifiant

$$g(m) = \frac{\sum_{i=1}^{k} n_i g(x_i)}{\sum_{i=1}^{k} n_i}$$

Pour $g(x)=x$, on trouve

$$g(m) = m = \frac{\sum_{i=1}^{k} n_i x_i}{\sum_i n_i} = \overline{x}$$

C'est la moyenne arithmétique.

2) Pour $g(x) = \frac{1}{x}$, on trouve

$$\frac{1}{m} = \frac{1}{\sum_i n_i} \sum_{i=1}^{k} \frac{n_i}{x_i}$$

C'est la moyenne harmonique

Manganèse: absorption et taux dans le sérum	
x	y
0,34	2,8
0,35	1,9
0,39	3,3
0,39	5,6
0,41	4,2
0,41	5,6
0,49	4,2
0,68	7,9

x: Mn absorbé (µg/kg/jour)
y: Mn dans le sérum (µg/L)

On peut représenter graphiquement chacune de ces huit observations par un point d'abscisse *x* (manganèse absorbé) et d'ordonnée *y* (taux de manganèse dans le sang).

Dans cet exemple, on va obtenir un nuage composé de huit points correspondant à ces huit observations :

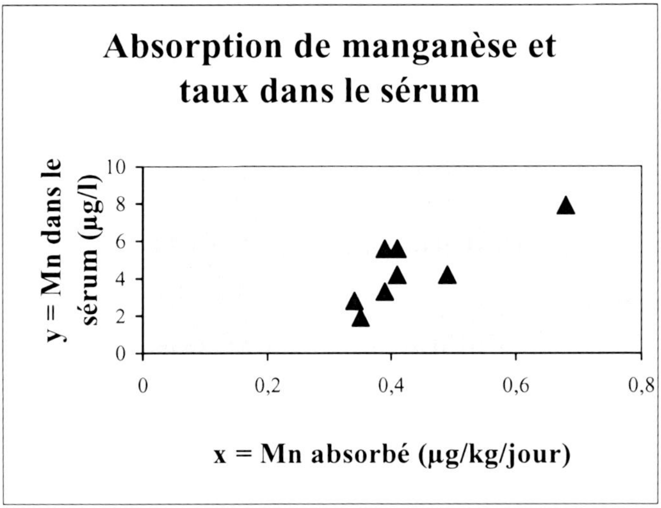

Le graphique ci-dessous représente une droite à pente *a* positive :

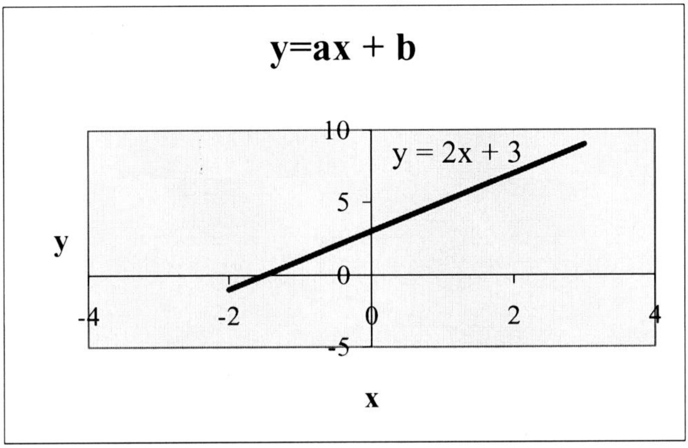

Dans le cas ci-dessus, l'équation de la droite est $y = 2x + 3$ et la pente de la droite (a=2) est positive.

Quand la pente de la droite est positive, cela veut dire que x et y varient dans le même sens, c'est-à-dire que y croît quand x croît et y décroît quand x décroît ou encore que dx et dy sont de même signe.

Quand la pente de la droite est négative ($a = \dfrac{dy}{dx} < 0$), cela veut dire que x et y varient en sens contraire, c'est-à-dire que y décroît quand x croît et y croît quand x décroît ou encore que dx et dy ne sont pas de même signe.

Dans ce cas, la droite ne s'inscrira pas de la même façon dans le plan :

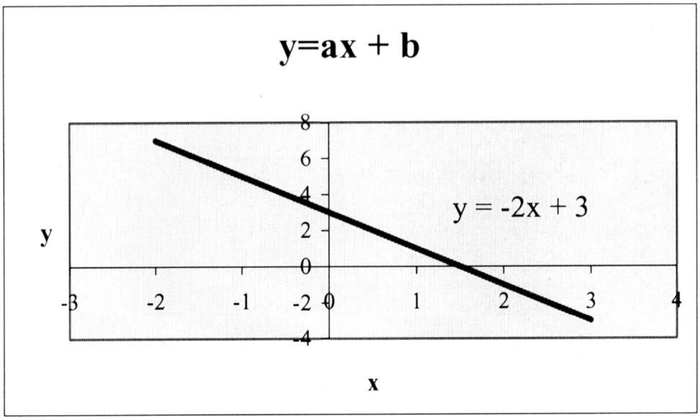

1.3.2. Fonction logarithme népérien

La fonction logarithme népérien $y = \ln(x)$ définie pour $x > 0$, a la représentation graphique suivante :

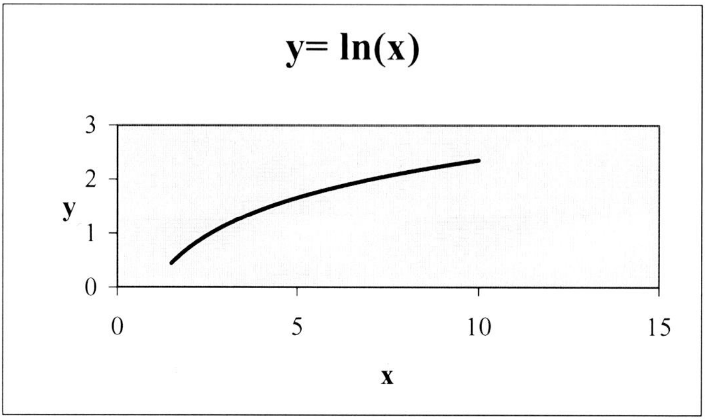

Outre les propriétés vues plus haut (cf. supra, point 2.3.2.2. du chapitre 2), cette fonction présente les propriétés suivantes :

- Pour $x>0$, $\ln\left(\frac{1}{x}\right) = -\ln(x)$.

- $\ln(1) = 0$

Les fonctions logarithmes les plus usitées sont les fonctions logarithme népérien, mais il existe des fonctions logarithmes de base a, $a > 0$ et différent de 1, définies par :

$$\log_a(x) = \frac{\ln(x)}{\ln(a)}$$

1.3.3. Fonction exponentielle

Les fonctions exponentielles s'écrivent $y = be^{ax}$.

La fonction exponentielle $y=e^x$ a la représentation graphique suivante :

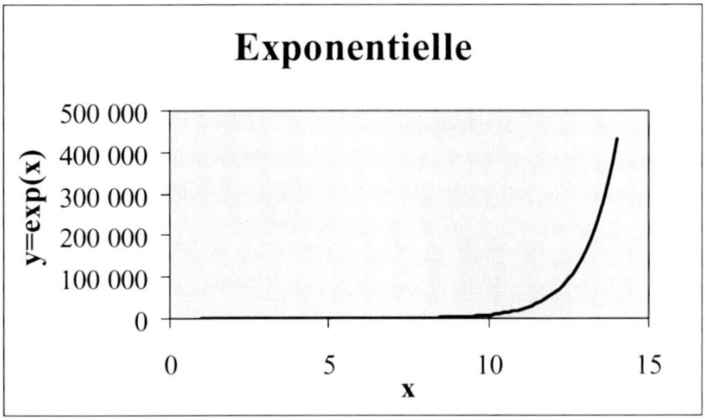

La fonction exponentielle présente les propriétés suivantes :

c'est la fonction réciproque de ln(x) : $y = \ln(x) \Leftrightarrow x = e^y$

$e^0 = 1$

$e^a \times e^b = e^{a+b}$

$(e^a)^b = e^{ab}$

On peut avoir des fonctions exponentielles décroissantes, comme dans le graphique ci-dessous qui représente la fonction $y=e^{-x}$

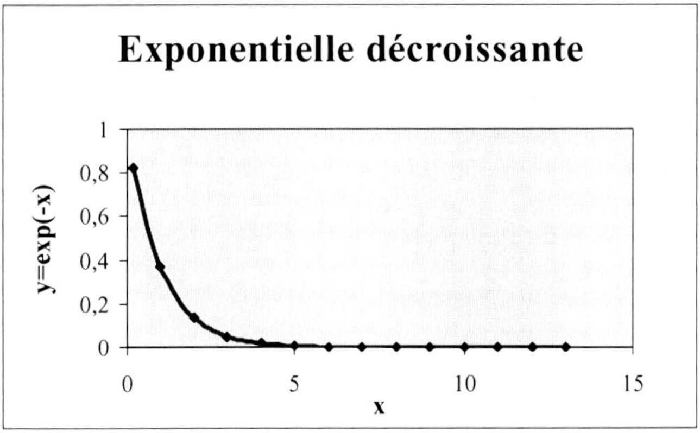

De la même façon qu'il existe des fonctions logarithmes de base a, il existe des fonctions exponentielles de base a définies pour $a>0$ et $\neq 1$ définies par $a^x = e^{x\ln(a)}$.

Exercice 1 : exponentielle

Au cours de cet exercice, nous allons tracer deux graphiques ; celui d'une fonction exponentielle $y = e^x$ et celui du logarithme népérien de y (noté $\ln(y)$).

Ouvrez la feuille *1. exponentielle* du classeur *nuages-énoncés.*

Dans cette feuille, construisez un tableau à trois colonnes ayant pour titre principal, fonction exponentielle et pour titres des colonnes : x ; $y = e^{2x}$ et $\ln(e^{2x})$.

Mettez en forme le tableau : supprimer les décimales inutiles, encadrez, centrez, etc.

Construisez un graphique de y et un graphique de $\ln(y)$.

Ajoutez sur ce graphique les courbes des fonctions $y = \ln(e^{3x})$ et $y = \ln(e^{4x})$, après avoir ajouté à votre tableau de calcul les colonnes nécessaires.

Indiquez la relation que vous voyez entre le coefficient a de $y=e^{ax}$ et l'allure des droites du second graphique.

> Avec un tableur, on calcule l'exponentielle d'un nombre avec la fonction exponentielle qui a pour syntaxe : EXP(nombre).
>
> On calcule le logarithme népérien avec la fonction logarithme népérien qui a pour syntaxe LN(nombre).

Corrigé :

On obtient les graphiques suivants :

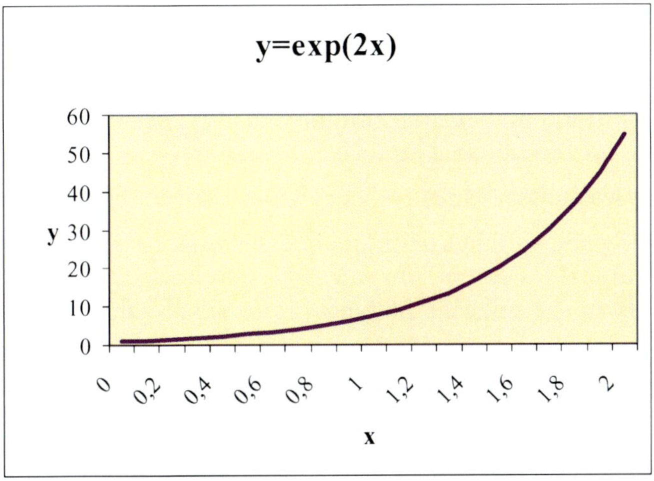

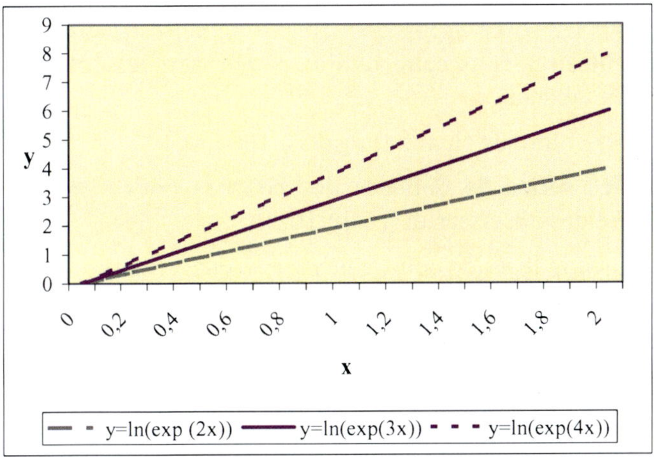

Comme la fonction logarithme est la fonction réciproque de la fonction exponentielle, on a :

$y = \ln(e^{2x}) = 2x$, $y = \ln(e^{3x}) = 3x$ et $y = \ln(e^{4x}) = 4x$

Exercice 2 : croissances exponentielles

Première partie :

Ouvrez la feuille *2. croissances exponentielles* du classeur.

Dans cette feuille vous disposez d'un tableau de trois croissances exponentielles (tableau 1) : $y_1 = e^{0.01x}$; $y_2 = e^{0.02x}$; $y_3 = e^{0.05x}$.

Entrez dans les colonnes *y* les formules de calcul ad hoc.

Entrez dans la colonne *taux* la formule de calcul des taux de croissance, sachant que les cellules sont au format *pourcentage*.

Remplacez les étoiles (*) par les valeurs des taux de croissance.

Le tableau complété, faites un graphique des trois courbes avec une mise en forme qui met les courbes en valeur : les courbes des trois croissances se construisent en utilisant le type *Ligne* avec Calc et *Courbe* avec Excel.

Deuxième partie : que se passe-t-il au bout de 100 ans ?

Nous verrons mieux le comportement des croissances exponentielles sur une période de 100 ans.

Ouvrez la feuille *2. exponentielles 100.*

Copiez le tableau 1 dans cette feuille. Supprimez les colonnes *taux de croissance* du tableau.

Complétez les colonnes en allant jusqu'à 100 ans.

Complétez les séries de données des courbes pour aller jusqu'à 100 Graduez l'axe des abscisses de 10 en 10.

Veillez à ce que la légende contienne *t*= 1%, etc.

Placez une échelle logarithmique sur l'axe des ordonnées (vous obtenez ainsi un graphique dit semi-logarithmique). Pour cela, pointez la souris sur l'axe pour pouvoir le formater. Cochez *échelle logarithmique* comme option du format de l'axe.

Faites un commentaire.

Corrigé :

On obtient ainsi le tableau suivant :

Tableau 1. Croissances exponentielles

x	$y_1 = e^{(0,01x)}$	taux de croissance	$y_2 = e^{(0,02x)}$	taux de croissance	$y_5 = e^{(0,05x)}$	taux de croissance
années	t =1 %		t = 2 %		t = 5 %	
0	1,0		1,0		1,00	
1	1,0	1%	1,0	2%	1,05	5%
2	1,0	1%	1,0	2%	1,11	5%
3	1,0	1%	1,1	2%	1,16	5%
4	1,0	1%	1,1	2%	1,22	5%
5	1,1	1%	1,1	2%	1,28	5%
6	1,1	1%	1,1	2%	1,35	5%
7	1,1	1%	1,2	2%	1,42	5%
8	1,1	1%	1,2	2%	1,49	5%
9	1,1	1%	1,2	2%	1,57	5%
10	1,1	1%	1,2	2%	1,65	5%

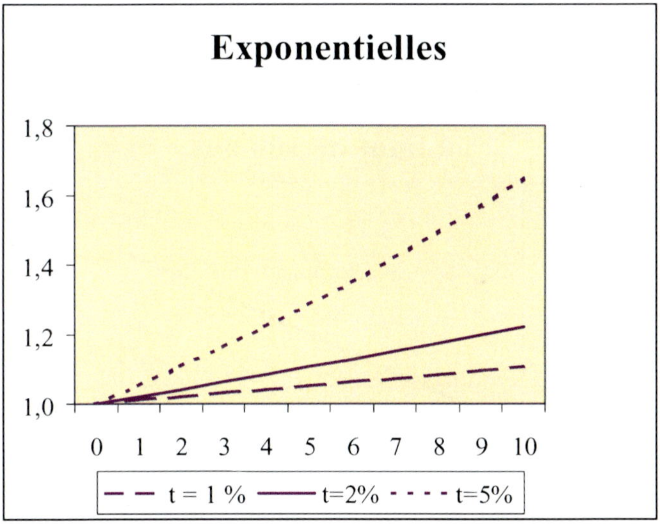

Sur 100 ans on obtient le graphique suivant pour les taux de croissance 2% et 5% :

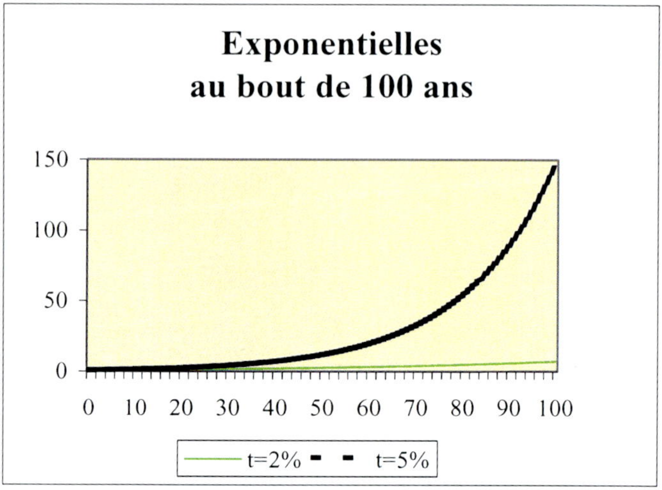

Avec une échelle semi-logarithmique, les fonctions exponentielles sont représentées par des droites (cf. graphique ci-dessous). Ceci est une propriété des croissances exponentielles qui va permettre de les repérer quand on observe et analyse des séries chronologiques.

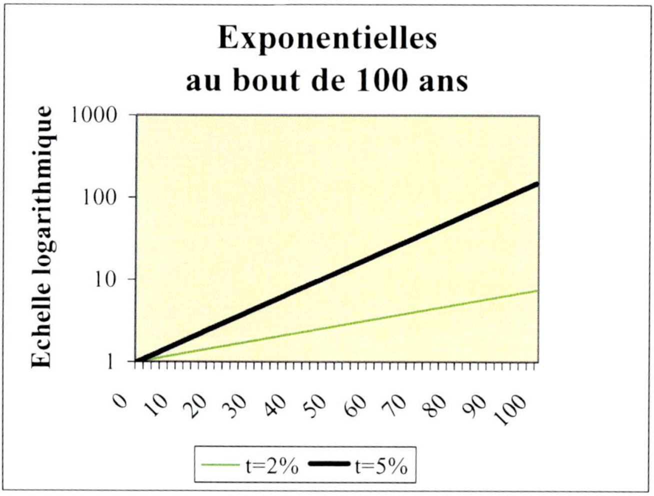

1.3.4. Fonction puissance

$y = bx^a$ avec $a > 1$

Définie sur R

Pour b =1 et a =2 on a la fonction $y = x^2$, on a la représentation graphique suivante (c'est une parabole) :

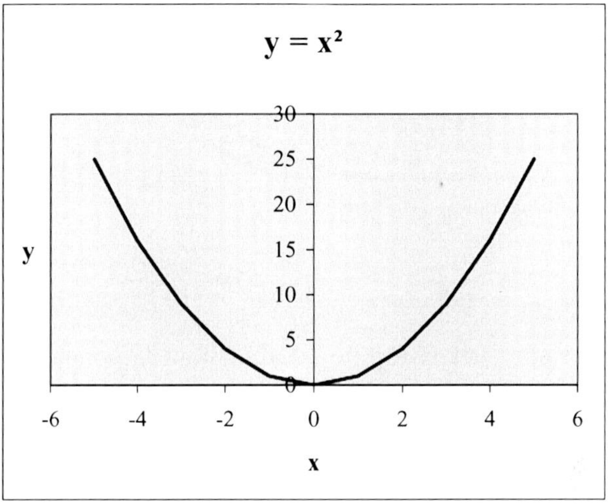

Dans les nuages de points quand les observations x_i sont positives, on a seulement la partie droite du graphique :

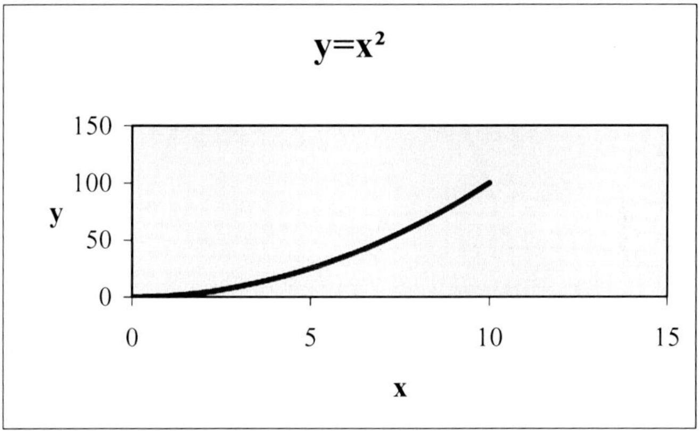

Pour b>0, on a une succession de courbes dont la concavité est tournée vers le haut :

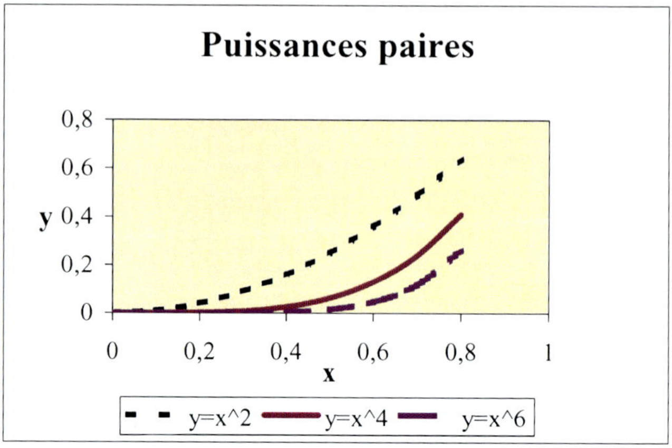

Pour $b<0$, on a une succession de courbes dont la concavité est tournée vers le bas.

Par exemple pour $y = - x^2$:

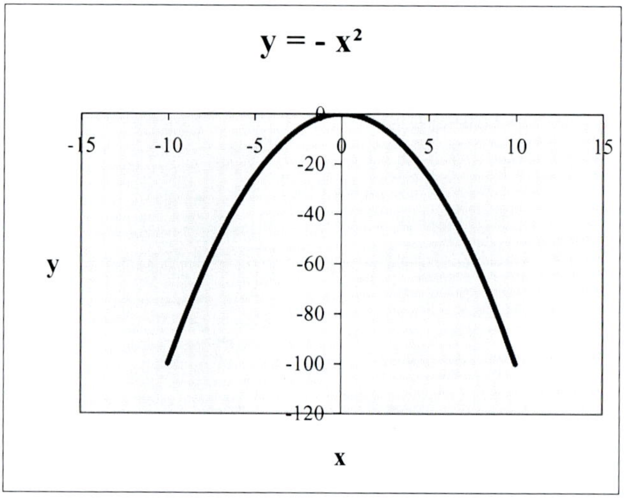

Pour $b > 0$ et pour a impair, on a une représentation différente.

Par exemple pour $y=x^3$:

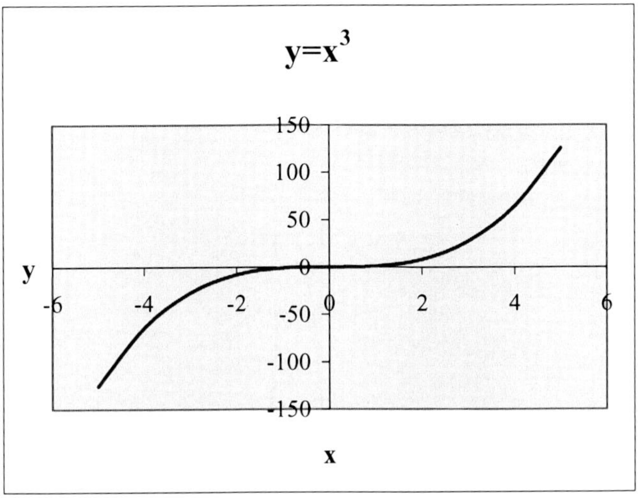

1.3.5. Fonction puissance négative

$$y = \frac{1}{x^n} = x^{-n}$$

Pour n=1, y= 1/x non définie pour x = 0

La représentation graphique est une hyperbole

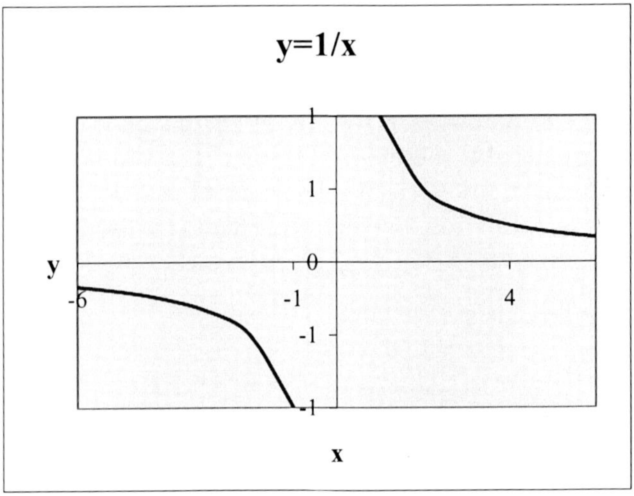

Les fonctions x^{-3}, x^{-5} etc. seront définies de la même façon en se rapprochant des axes.

Pour les fonctions négatives d'exposant pair, par exemple $y = 1/x^2$ avec x différent de 0, on aura la représentation suivante, avec une symétrie par rapport à l'axe des y :

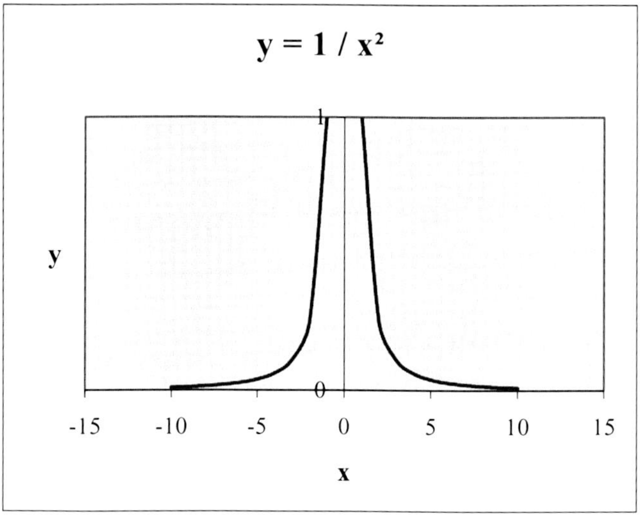

Exercice 3 : nuage Gannoway

Pour connaître la concentration en métaux lourds des sédiments du lac Gannoway (Texas), onze prélèvements ont été effectués et les concentrations des prélèvements en fer et en zinc en microgrammes par gramme (µg/g) ont été mesurées. On peut trouver le résultat de ces observations dans l'article « The Analysis of Aqueous Sediments for Heavy Metals » (J. Environ. Science and Health (1984) : 911-921).

Affichez la feuille *3. nuage Gannoway* du classeur.

Dans cette feuille, saisissez le tableau suivant :

n°échantillon	fer (µg/g)	zinc (µg/g)
1	2,5	62
2	4,5	66
3	1,5	39
4	3,2	67
5	3,3	50
6	1,8	220
7	3,4	89
8	3,4	110
9	4,0	68
10	3,9	66
11	2,9	69

Directives :

Saisissez les en-têtes de colonnes et les données sans mise en forme, ni encadrements.

Affichez les concentrations de fer avec une décimale.

Encadrez comme sur le modèle.

Construisez le nuage suivant :

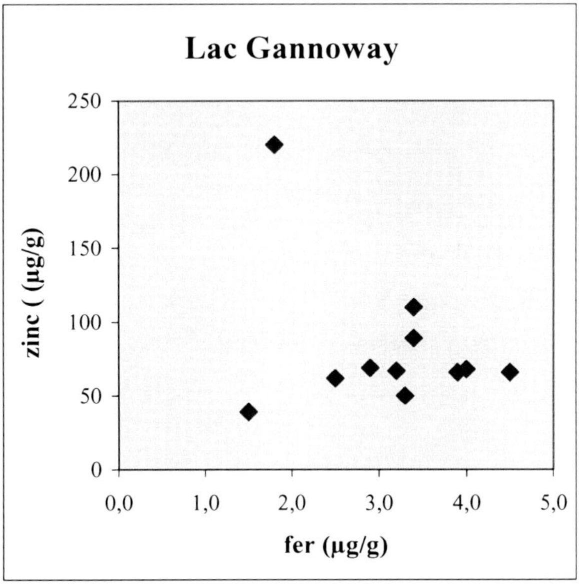

Mise en forme du nuage :

Modifiez si nécessaire la taille du graphique de façon que la zone de traçage ait une forme à peu près carrée et que l'ensemble du graphique fasse environ 10 cm x 10 cm.

Colorez la zone de traçage en jaune et les points du nuage en violet.

> Pour construire ce nuage de points, sélectionnez les cellules contenant les concentrations en fer et en zinc observées, activez l'assistant graphique, choisissez comme type de graphique *XY (dispersion) – points seuls* avec Calc et *Nuages de points – compare des paires de valeurs* avec Excel. Vérifiez que la plage de données est bonne et que les deux séries de données sont bien repérées comme étant en colonnes.
>
> Vous pouvez modifier l'aspect des points du nuage. Pour cela, lors du formatage de la série de données, vous pouvez choisir le symbole que vous souhaitez (avec Calc) ; il faut changer les options des *Marques* avec Excel 2000 et celle des *marqueurs* avec Excel 07.

Exercice 4 : nuage Manganèse

Nous avons vu au point 1.1.1. de ce chapitre des observations concernant les quantités de manganèse absorbé et le taux de manganèse dans le sang pour huit enfants nourris au lait : elles sont regroupées dans le tableau reporté ci-dessous. Ces données suggèrent-elles une relation entre manganèse absorbé et taux de manganèse dans le sérum ? C'est à cette question que nous allons répondre.

Affichez la feuille *4. nuage manganèse* du classeur.

Saisissez le tableau suivant dans cette feuille :

Manganèse: absorption et taux dans le sérum	
x	y
0,34	2,8
0,35	1,9
0,39	3,3
0,39	5,6
0,41	4,2
0,41	5,6
0,49	4,2
0,68	7,9
x: Mn absorbé (µg/kg/jour)	
y: Mn dans le sérum (µg/L)	

Mettez en forme le tableau et construisez un nuage de points.

Créez le graphique suivant :

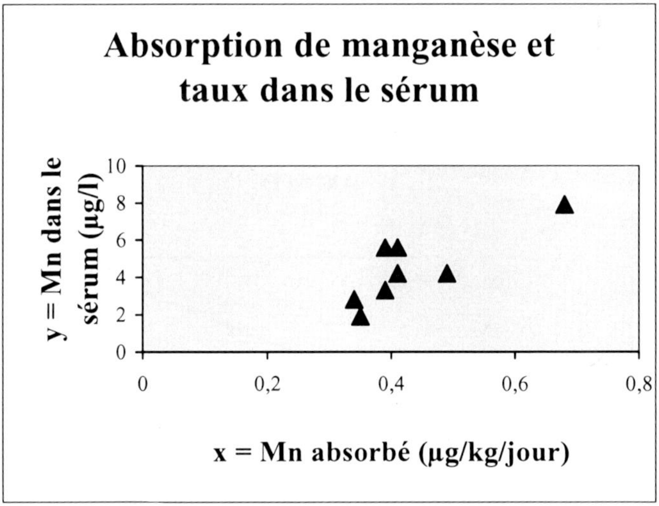

2. Régression

2.1. Régression linéaire

On a vu que dans le cas de deux caractères, un modèle s'écrit de façon très générale $y = f(x)$. Formuler le modèle, c'est préciser quelle est la fonction f. Le cas le plus simple est celui où f est une droite ; dans ce cas, on dit que le modèle est linéaire.

On a alors $y = ax + b$, x et y sont les variables du modèle, a et b sont des paramètres.

Nous verrons que pour des fonctions qui ne sont des droites, on peut, dans certains cas se ramener à des droites. On transformera alors des modèles non linéaires en modèles linéaires.

Si les observations se conformaient exactement au modèle, les n observations (x_i, y_i) devraient vérifier $y_i = ax_i + b$

En fait, cela se produit rarement. Le plus souvent, il y a des écarts notés e_i que l'on va introduire dans l'équation du modèle :

$y_i = ax_i + b + e_i$

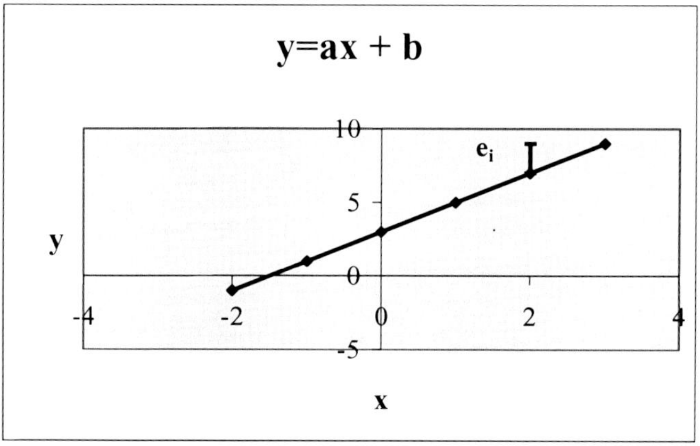

Ces écarts peuvent s'expliquer notamment par le fait que la fonction f n'est pas la plus adaptée ou par le fait que des variables secondaires ne sont pas prises en compte dans le modèle, ou encore par des erreurs de mesure. Le modèle peut alors s'écrire $y = ax + b + e$ où e est un terme d'erreur.

On cherche donc à représenter le nuage de points résultant de n observations par une droite. Le but est de trouver la droite qui passe le plus près possible de ces points.

On pourrait le faire empiriquement, quand il s'agit de deux caractères, en traçant, à l'aide d'une règle, la droite qui passe le plus près des points du nuage d'observations, mais cela donnerait un résultat très approximatif.

Il y a une méthode qui permet de trouver une droite respectant ce critère de proximité, c'est la méthode des moindres carrés ordinaires.

Le critère de proximité est la distance verticale (parallèle à l'axe des ordonnées) entre les points du nuage et ceux de la droite ; on dit alors que l'on régresse y en x. Si on choisissait la distance horizontale, on régresserait x en y.

Estimer un modèle consiste à trouver des valeurs de a et de b qui rendent les écarts e_i entre les points de la droite et ceux du nuage, les plus petits possibles.

On pourrait chercher à minimiser leur somme, mais certains écarts sont positifs et d'autres négatifs et les écarts positifs compenseraient les écarts négatifs dans une somme.

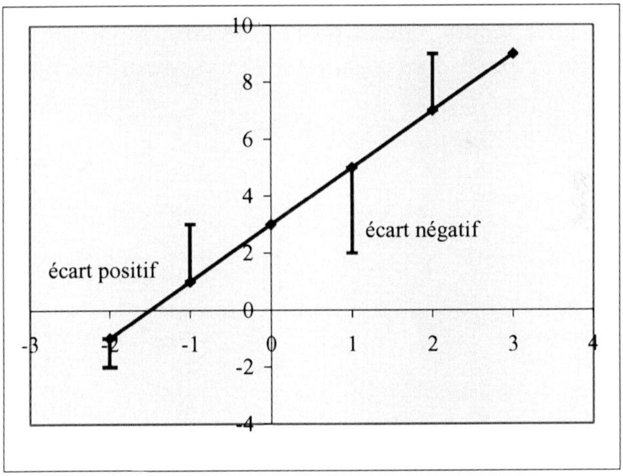

Pour pallier les inconvénients de la compensation entre écarts positifs et écarts négatifs dus à la simple somme, on va prendre la somme des carrés : $\sum_i e_i^2$ et on va chercher à minimiser cette somme d'où le nom de méthode des moindres carrés.

Comme le modèle s'écrit $y_i = ax_i + b + e_i$ avec *i* variant de *1* à *n*, minimiser $\sum_i e_i^2$ revient à minimiser $\sum_i (y_i - ax_i - b)^2$ où x_i et y_i, (*i* variant de *1* à *n*) sont donnés.

On montre (cf. démonstration en annexe 1) que les valeurs de *a* et *b* sont les suivantes :

$$a = \frac{Cov(x,y)}{V(x)} \text{ avec } Cov(x,y) = \frac{\sum_i (x_i - \bar{x})(y_i - \bar{y})}{n}$$

$b = \bar{y} - a\bar{x}$ de sorte que l'équation de la droite de régression s'écrit :

$x - \bar{x} = a(y - \bar{y})$

Exercice 5 : droite de régression

Ouvrez la feuille *5. droite de régression.*

Nous allons étudier les liens entre la quantité d'engrais et la production de gazon. On sème les graines de façon uniforme sur huit parcelles de même taille et des masses différentes d'engrais (voir tableau ci-dessous) sont déposées sur chacune. Deux mois plus tard, le gazon est récolté sur chaque parcelle et pesé. Les résultats sont rassemblés dans le tableau suivant :

Quantité d'engrais utilisée (g/m²)	Production de gazon (g/m²)
x	y
25	86
50	79
75	92
100	156
125	150
150	171
175	210
200	247

Construisez, dans la feuille *5. droite de régression*, un tableau reprenant ces données.

Construisez, un nuage de points à partir de ces données. Ajoutez une courbe de tendance de type linéaire au graphique, avec comme option : afficher l'équation de la droite.

Corrigé :

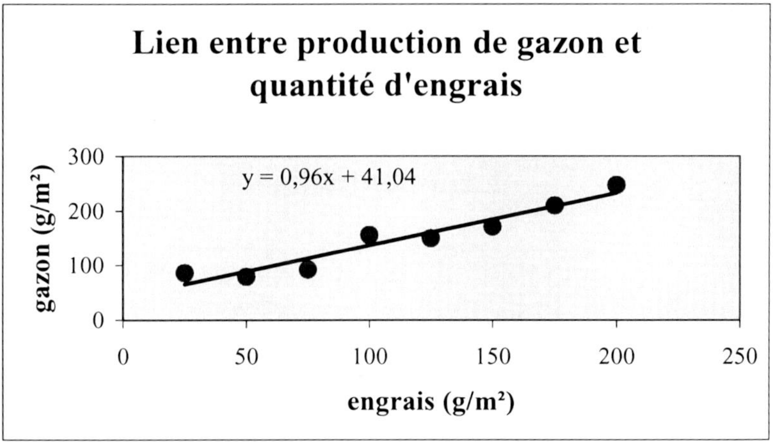

2.2. Régressions linéaires de nuages non linéaires

2.2.1. Introduction

Précédemment, on a supposé que dans le modèle $y = f(x)$, f était une fonction affine, représentée par une droite.

Mais il se peut que cette fonction ne soit pas la plus appropriée.

Par exemple, si on a un nuage de la forme ci-dessous :

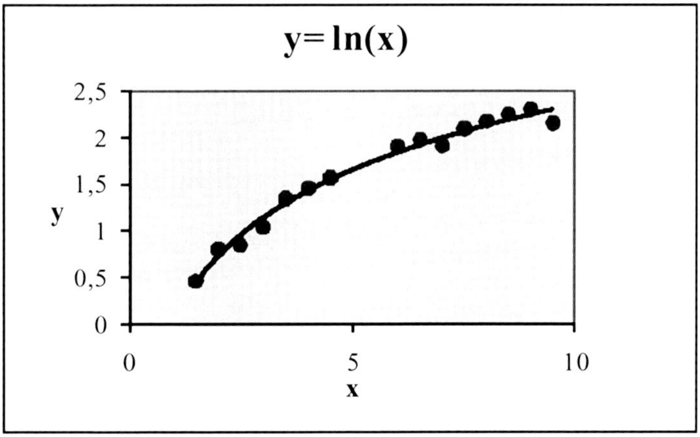

Cela correspond à une fonction logarithme : $y = \ln(x)$.

Pour un nuage de la forme ci-dessous :

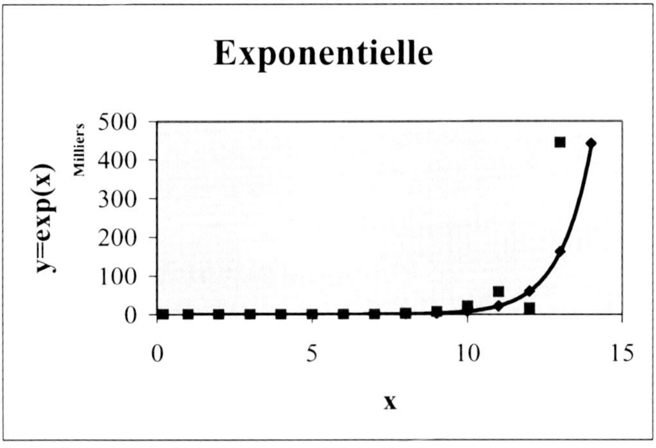

Une fonction de type exponentielle $y = e^x$ sera plus appropriée.

Pour ces cas de nuages ne s'approchant pas d'une droite, on va néanmoins chercher à se ramener à l'équation d'une droite.

2.2.2. Ajustement à une fonction exponentielle

On va chercher par un changement de variable à se ramener à l'équation d'une droite.

Une fonction exponentielle s'écrit : $y = be^{ax}$, ce qui donne quand on cherche le logarithme népérien de cette expression :

$$\ln(y) = \ln(be^{ax}) = \ln(b) + \ln(e^{ax}) = \ln(b) + ax$$

Si on pose $B=\ln(b)$ (constante) et $Y=\ln(y)$, on obtient $Y = ax + B$ qui est l'équation d'une droite.

Le nuage $(x, \ln(y))$ est donc aligné quand le nuage (x, y) s'ajuste à une fonction exponentielle.

On peut se servir des résultats vus pour le calcul des coefficients a et B.

On a comme paramètres de la droite :

$$a = \frac{Cov(x, \ln(y))}{V(x)} \text{ et } \overline{Y} = a\overline{x} + B$$

En fait le modèle $y=ax+b$ est dit linéaire relativement aux paramètres a et b et non en x et y qui sont des données résultant des observations. C'est pourquoi on peut transformer les variables x et y.

2.2.3. Ajustement à une fonction puissance

Une fonction puissance s'écrit :

$y = bx^a$ avec $a > 0$ soit, en cherchant le logarithme de cette expression :

$$\ln(y) = \ln(bx^a) = \ln(b) + \ln(x^a) = \ln(b) + a\ln(x)$$

Si on pose :

$B=\ln(b)$, $X=\ln(x)$ et $Y=\ln(y)$,

On obtient $Y = aX + B$, équation d'une droite.

Le nuage $(\ln(x), \ln(y))$ est donc aligné quand le nuage (x, y) s'ajuste à une fonction puissance.

On a comme paramètres de la droite: $a = \dfrac{Cov(\ln(x), \ln(y))}{V(\ln(x)}$ et

$B = \overline{Y} - a\overline{X}$

2.2.4. Ajustement à une fonction logarithme

Si le nuage fait penser à une fonction logarithme (s'il est de la forme $y = a\ln(x) + b$), on pose $X = \ln(x)$ et on obtient : $y = aX + b$, équation d'une droite.

Le nuage ($\ln(x)$, y) est donc aligné quand le nuage (x, y) s'ajuste à une fonction logarithme.

avec $a = \dfrac{Cov(\ln(x), y)}{V(\ln(x))}$ et $b = \overline{y} - a\overline{X}$

Exercice 6 : alignement de nuages

Affichez la feuille *6. alignements* du classeur.

Cette feuille de calcul contient quatre nuages incurvés.

Les points de ces nuages peuvent être alignés en appliquant à l'ordonnée (y) l'une des quatre fonctions suivantes : $1/y$, $\sqrt{y}$, e^y ou $\ln(y)$ sur leur domaine de définition.

Pour chacun de ces nuages, cherchez quelle fonction, appliquée à l'ordonnée y, aligne le nuage.

Corrigé :

Prenons par exemple le nuage (x, y_3) correspondant au tableau ci-dessous :

x	y_3
1,0	0,00
1,5	0,41
2,0	0,69
2,5	0,92
3,0	1,10

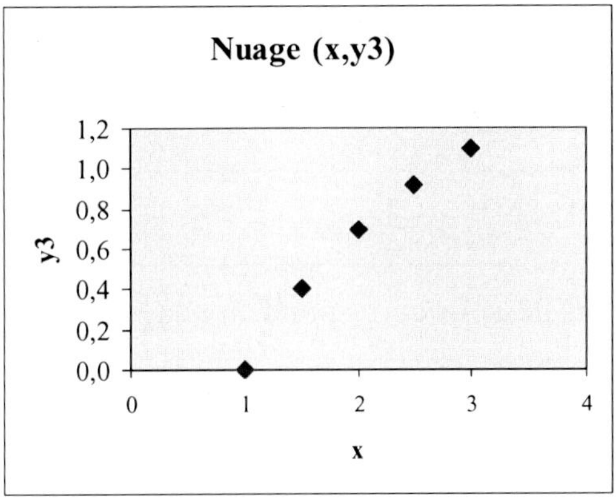

Il faut tout d'abord identifier y_3. y_3 est la fonction logarithme : $y_3 = \ln(x)$. En appliquant la fonction exponentielle à y_3 on obtient alors un nuage (x, $\ln(y_3)$) dont les points sont alignés :

x	y_3	$f(y_3)=\exp(y_3)$
1,0	0,00	1,0
1,5	0,41	1,5
2,0	0,69	2,0
2,5	0,92	2,5
3,0	1,10	3,0

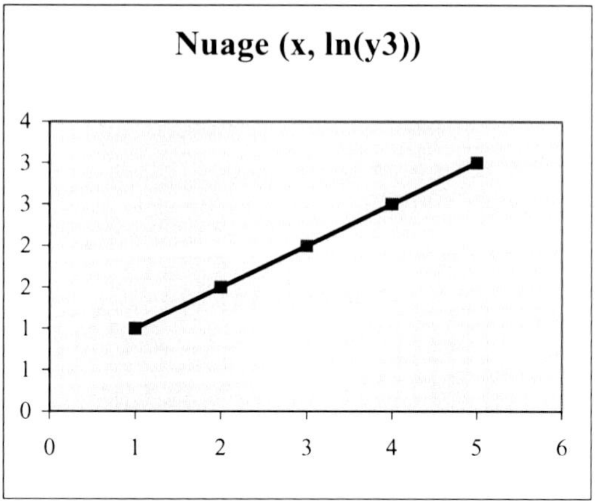

Le tableau (x, y_1) ci-dessous correspond au nuage (x, y_1) :

x	y_1
1,0	2,7
1,5	4,5
2,0	7,4
2,5	12,2
3,0	20,1

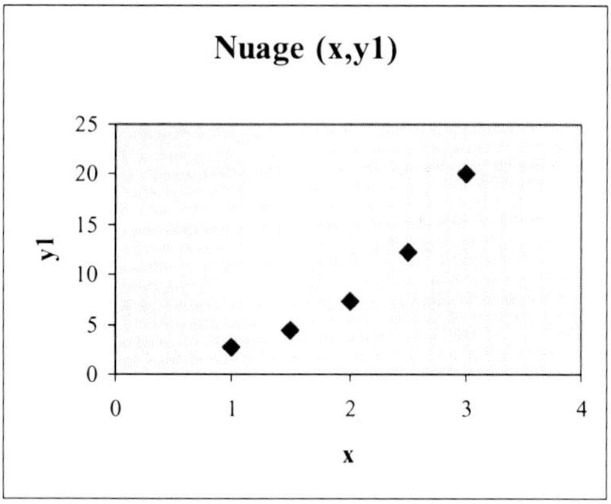

y_1 est la fonction exponentielle : $y_1 = e^x$. En appliquant la fonction logarithme népérien à y_1 on obtient alors un nuage (x, ln(y_1)) dont les points sont alignés :

x	y_1	$f(y_1)=\ln(y_1)$
1,0	2,7	1,0
1,5	4,5	1,5
2,0	7,4	2,0
2,5	12,2	2,5
3,0	20,1	3,0

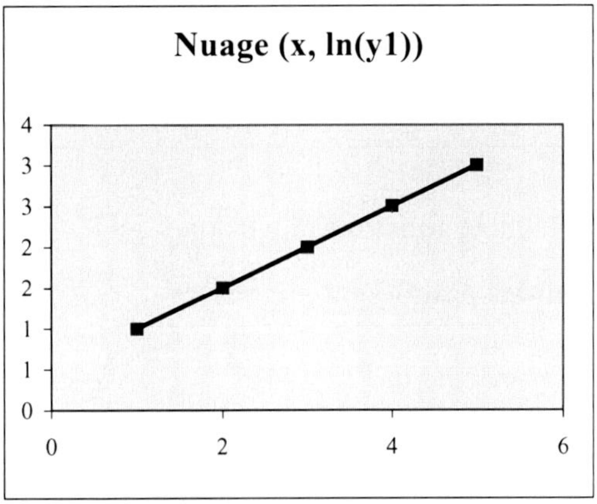

Le tableau ci-dessous correspond au nuage (x, y_2) :

x	y_2
1,0	1,0
1,5	0,7
2,0	0,5
2,5	0,4
3,0	0,3

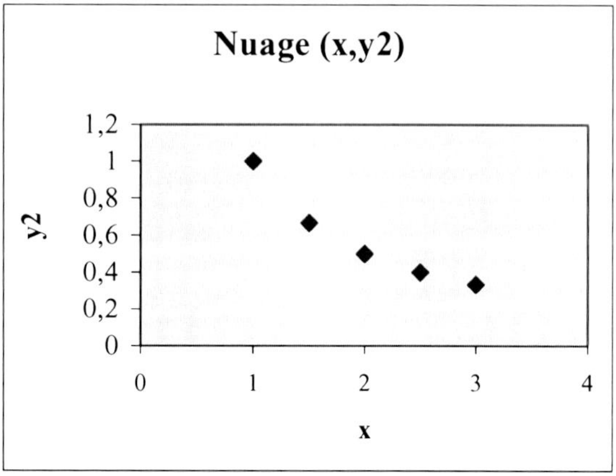

$y_2 = \frac{1}{x}$. En appliquant la fonction réciproque de $1/x$ à y_2, on obtient un nuage $(x, 1/y_2)$ dont les points sont alignés.

x	y_2	$f(y_2)=1/y_2$
1,0	1,0	1,0
1,5	0,7	1,5
2,0	0,5	2,0
2,5	0,4	2,5
3,0	0,3	3,0

Le tableau ci-dessous correspond au nuage (x, y_4) :

x	y_4
1,0	1,0
1,5	2,3
2,0	4,0
2,5	6,3
3,0	9,0

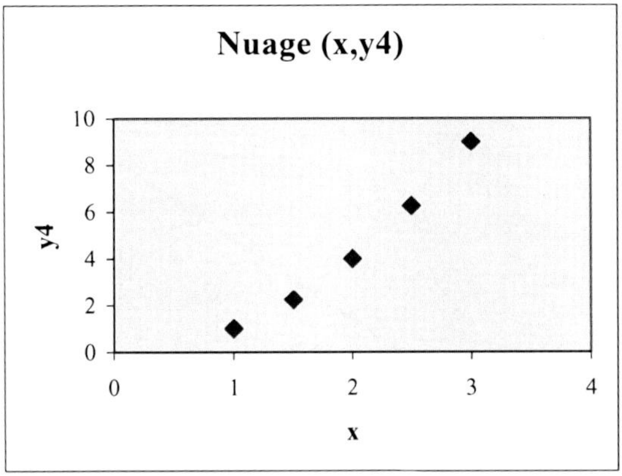

$y_4 = x^2$. En appliquant la fonction racine carrée à y_4, on obtiendra un nuage (x, $\sqrt{y_4}$) dont les points sont alignés :

x	y_4	$f(y_4)$
1,0	1,0	1,0
1,5	2,3	1,5
2,0	4,0	2,0
2,5	6,3	2,5
3,0	9,0	3,0

3. Coefficient de détermination et coefficient de corrélation

3.1. Le coefficient de détermination

La courbe de tendance obtenue par la méthode des moindres carrés peut constituer un plus ou moins bon ajustement au nuage de points : plus les points du nuage sont près de la courbe, meilleur est l'ajustement. Ci-dessous deux exemples graphiques, l'un d'un bon ajustement, l'autre d'un mauvais ajustement au nuage de points par une droite.

Bon ajustement :

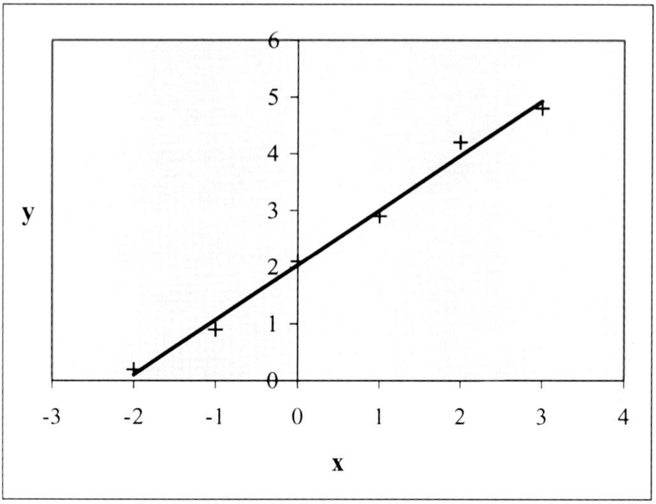

Mauvais ajustement :

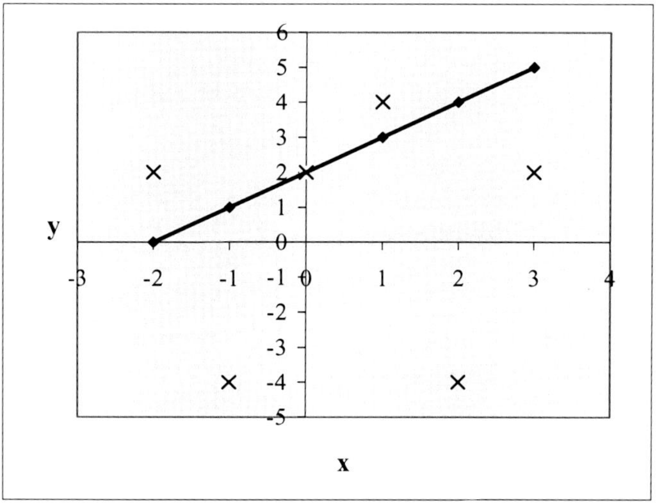

Le raisonnement est identique quelle que soit la forme de la courbe : droite ou autre fonction.

On a également un bon ajustement, mais cette fois par une courbe non linéaire dans le graphique ci-dessous :

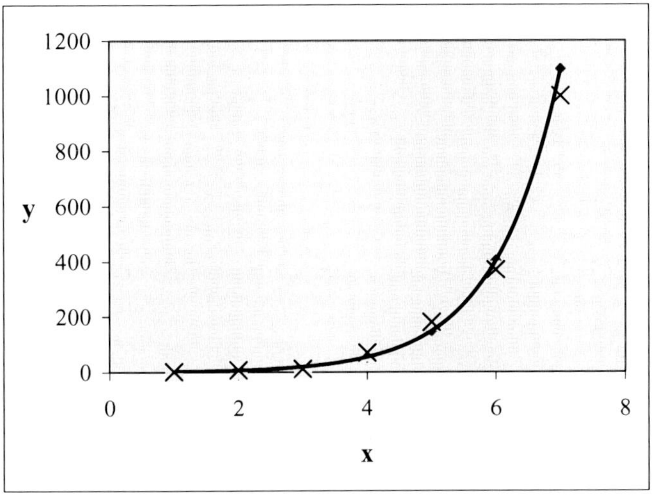

Pour mesurer la qualité de l'ajustement, on va comparer ce qu'on appelle la variance « expliquée »avec la variance réelle de la variable y (appelée variance totale).

La variance expliquée notée $V(\hat{y})$ correspond à la variance des estimations de y donnée par la courbe de tendance ; il s'agit de la variance des $\hat{y}_i$, $\hat{y}_i$ étant l'ordonnée du point de la courbe de tendance ayant même abscisse que le point (x_i, y_i) du nuage :

$$V(\hat{y}) = \frac{\sum_i (\hat{y}_i - \bar{y})^2}{n}$$

Et on la compare à la variance de y qui correspond à la variance des grandeurs observées :

$$V(y) = \frac{\sum_i (y_i - \bar{y})^2}{n}$$

On définit alors le coefficient de détermination (ou rapport de détermination) :

R^2 = Variance expliquée de y/Variance totale de $y = \dfrac{V(\hat{y})}{V(y)}$

Dans le cas où tous les points du nuage sont situés sur une même courbe,

y et $\hat{y}$ sont confondus ; la variance expliquée et la variance totale sont égales et R^2 est égal à 1.

La variance expliquée de y est toujours inférieure ou égale à la variance totale de y et donc

$$R^2 = \frac{V(\hat{y})}{V(y)} \leq 1$$

Par contre, si les points du nuage sont éloignés de la courbe de tendance, la variance expliquée sera faible par rapport à la variance totale.

R^2 sera proche de 0, ce qui traduira le mauvais ajustement, sauf dans le cas où x et y sont des variables indépendantes. Ainsi quand $y = \lambda$, avec λ constante, la représentation graphique de y est une droite horizontale, et un nuage de points (x, y) proche de cette droite aura un très bon ajustement à la droite, avec un coefficient de détermination nul.

3.2. Le coefficient de corrélation linéaire

Quand la courbe de tendance est une droite ($y=ax+b$), on peut formuler R^2 autrement :

La droite passe par le point moyen$(\bar{x}, \bar{y})$ (cf. annexe 1), soit :

$$\bar{y} = a\bar{x} + b$$

$$\hat{y}_i - \bar{y} = ax_i + b - (a\bar{x} + b)$$

$$\hat{y}_i - \bar{y} = ax_i - a\bar{x} = a(x_i - \bar{x})$$

donc variance expliquée $V(\hat{y}) = \dfrac{\sum_i (\hat{y}_i - \bar{y})^2}{n}$

$$V(\hat{y}) = \frac{\sum_i a^2 (x_i - \bar{x})^2}{n} = a^2 \frac{\sum_i (x_i - \bar{x})^2}{n} = a^2 V(x)$$

Comme : $a = \dfrac{Cov(x, y)}{V(x)}$

$$a^2 = \frac{(Cov(x, y))^2}{V(x)^2}$$

$$V(\hat{y})=\frac{(Cov(x,y))^2}{V(x)^2} \quad \text{et} \quad V(x)=\frac{(Cov(x,y))^2}{V(x)}$$

$$R^2=\frac{V(\hat{y})}{V(y)}=\frac{(Cov(x,y))^2}{V(x)V(y)}$$

De façon courante on utilise plutôt la racine carrée de R^2 :

R $= \frac{Cov(x,y)}{\sigma(x)\sigma(y)}$, que l'on notera r dans la suite et que l'on nomme coefficient de corrélation linéaire ou coefficient de Pearson.

Dans le cas de l'ajustement à une droite, le coefficient de détermination est égal au carré du coefficient de corrélation linéaire.

3.3. Interprétation du coefficient de corrélation linéaire et du coefficient de détermination

3.3.1. Signe du coefficient de corrélation

Si r est positif, la liaison entre les variables x et y est positive, c'est-à-dire qu'elles varient dans le même sens : y augmente quand x augmente et diminue quand x diminue. Dans le graphique ci-dessous, la pente de la droite est positive :

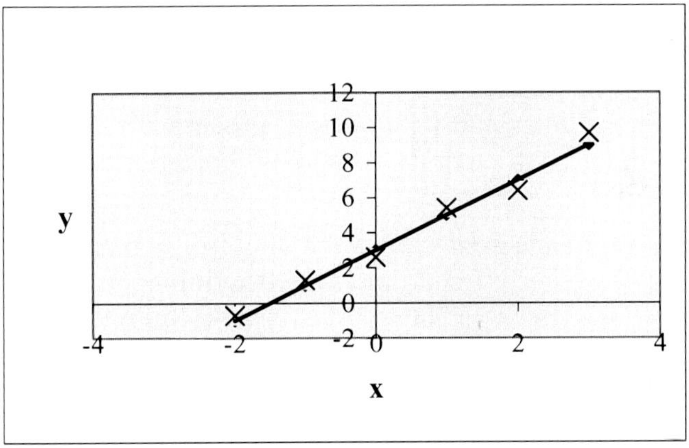

Si r est négatif, la liaison entre les variables est négative : elles varient en sens inverse ; y diminue quand x augmente. Dans le graphique ci-dessous, la pente de la droite est négative :

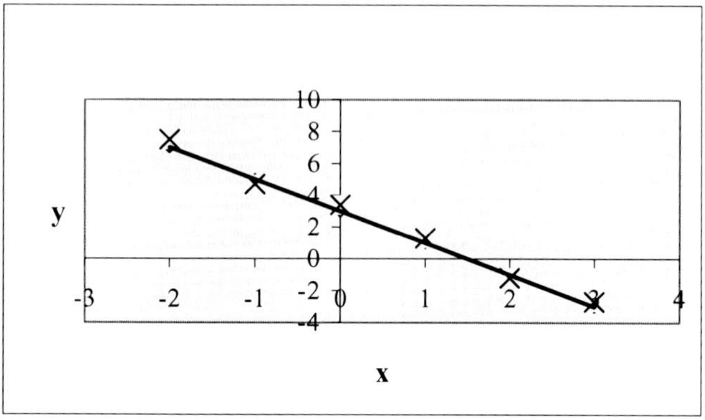

3.3.2. Coefficient de corrélation et coefficient de détermination

Si un faible coefficient de corrélation linéaire ou de détermination doit conduire à rejeter un modèle, un coefficient élevé n'est pas suffisant pour l'accepter.

Si r est proche de 1, la relation linéaire est positive forte.

Si r est proche de -1, la relation linéaire est négative forte.

Si r est proche de 0 la relation linéaire est faible.

En sciences humaines et sociales, la corrélation est dite moyenne si valeur absolue de r est comprise entre 0,5 et 0,8.

Plus les points d'un nuage (x, y) seront proches d'une droite, plus la valeur absolue du coefficient de corrélation linéaire des variables x et y sera proche de 1.

Si les points du nuage sont éloignés d'une droite, mais proches d'une courbe, c'est la valeur du coefficient de détermination qui mesurera la qualité de l'ajustement à la courbe, quelle qu'elle soit : plus le coefficient de détermination est proche de 1, meilleur est l'ajustement à la courbe ; plus il est proche de 0, plus l'ajustement est mauvais.

Exercice 7 : corrélations des nuages Gannoway et Manganèse

Recopiez le contenu des feuilles *3. nuage Gannoway* et *4. nuage Manganèse* dans la feuille *7. corrélations*.

Sous chacun des nuages, tapez dans une cellule le texte : « *r* de Pearson = » et alignez ce texte à droite. Puis dans la cellule située immédiatement à droite de ce texte, introduisez la fonction qui calcule le coefficient de corrélation du nuage. Alignez le résultat obtenu à gauche et affichez-le avec deux décimales.

> La fonction coefficient de corrélation des tableurs Calc et Excel permet de calculer ce coefficient.
>
> Cette fonction se trouve dans la catégorie de fonction : *Statistique*.
>
> La syntaxe est : *COEFFICIENT.CORRELATION* (données 1; données 2) données 1 désignant la plage de cellules contenant la première série et données 2 la plage contenant la deuxième série.

Constatez que plus les points des nuages sont alignés, plus le coefficient de corrélation est proche de 1 ou –1, selon l'orientation du nuage.

Corrigé :

Le coefficient de corrélation du nuage "Manganèse" est nettement supérieur à celui du nuage "Lac Gannoway", puisqu'on a un coefficient de corrélation de 0,81 dans le premier cas, ce qui correspond à une corrélation forte et un coefficient de –0,32 dans le deuxième cas, ce qui correspond à une faible corrélation. Cela traduit le fait que le nuage Manganèse a des points plus alignés que ceux du nuage Lac Gannoway.

Exercice 8 : corrélation de nuages extrêmes

Affichez la feuille *8. corrélations extrêmes* de votre classeur.

Vous y trouverez les trois tableaux suivants :

x	y
1	4
2	7
3	10
4	13
5	16

x	y
1	17
2	14
3	11
4	8
5	5

x	y
8	5
5	8
2	5
5	2
7,12	2,88
2,88	7,12
7,12	7,12
2,88	2,88

Construisez trois nuages à partir de chacun des trois tableaux précédents.

Sous chaque nuage, placez la valeur de *r* calculée à l'aide de la fonction coefficient de corrélation, et faites un commentaire.

Corrigé :

Le nuage ci-dessous correspond au premier tableau :

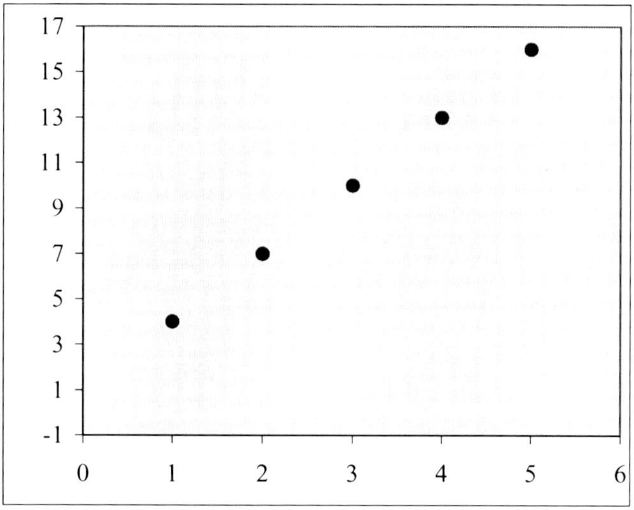

Ce nuage de points est aligné et son coefficient de corrélation est égal à un.

Le nuage ci-dessous correspond au deuxième tableau :

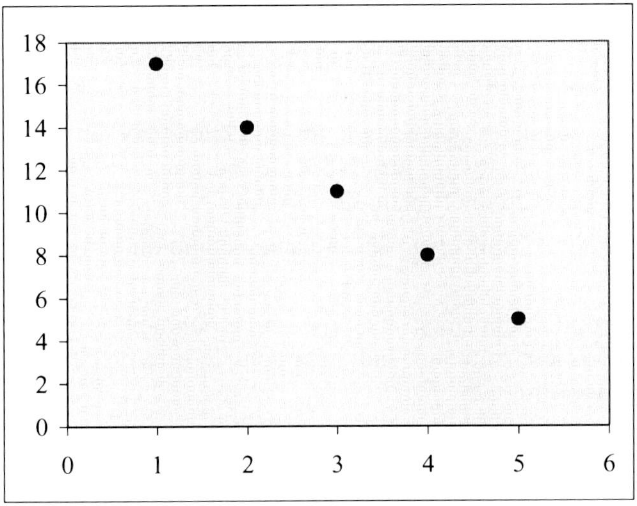

Les points de ce nuage sont alignés, comme ceux du premier. Par contre, l'orientation du nuage est inversée et le coefficient de corrélation correspondant est égal à –1.

Le nuage ci-dessous correspond au troisième tableau :

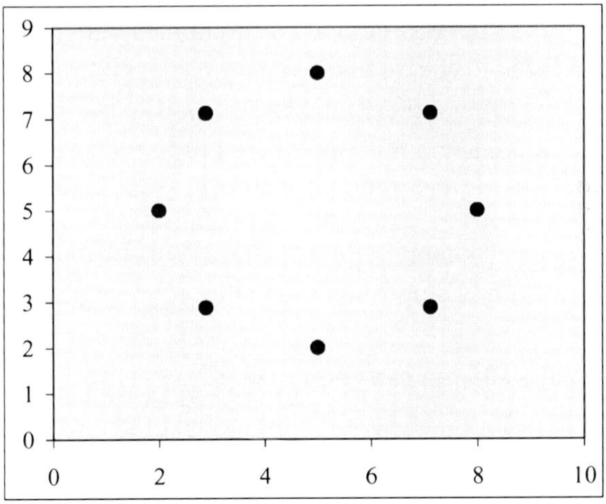

Les points de ce nuage ont été placés sur un cercle, c'est à dire sans qu'aucune direction n'ait été privilégiée. Le coefficient de corrélation de ce nuage est égal à 0 et se situe à mi-chemin entre les deux extrêmes (1 et −1).

Exercice 9 : point isolé

Vous avez pu constater que dans le nuage Gannoway, un des points était très à l'écart des autres points. Nous allons mesurer l'influence de ce point sur la valeur du coefficient de corrélation.

Ouvrez la feuille *9. point isolé* et faites une copie du tableau des données Gannoway.

Dans cette copie, supprimez la ligne correspondant au point du nuage qui est à l'écart des autres et indiquez dans le titre de ce tableau que ce point a été supprimé.

Faites un nuage pour ce second tableau.

Calculez la valeur de r.

Comparez les coefficients de corrélation des deux nuages Gannoway et placez votre commentaire dans une zone de texte.

Corrigé :

Devant un point isolé, il faut se demander s'il s'agit d'une erreur. Pour cela, on vérifie le protocole de collecte des données. Si aucune erreur n'est détectée, on utilise les méthodes statistiques dédiées à la détection d'erreurs. Si l'on trouve une erreur, on élimine les données correspondantes avant de faire l'analyse.

Dans l'exercice, quand le point isolé a été éliminé la corrélation est plus forte (0,41) que dans le cas incluant ce point (-0,32) sans toutefois être très marquée. Par contre, le sens de la corrélation n'est plus le même ; la corrélation est négative avec le point isolé, alors qu'elle est positive sans ce point. Ceci montre l'importance qu'une donnée peut avoir sur une analyse.

On obtient le nuage suivant sans point isolé :

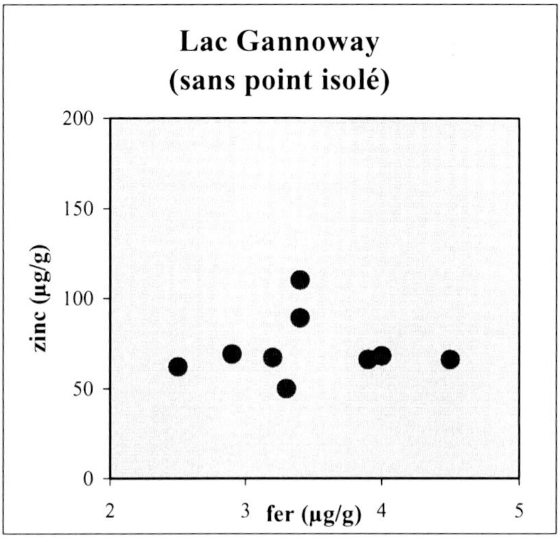

Exercice 10 : corrélation – calcul direct

Copiez le tableau de données du Manganèse dans la feuille *10. calcul direct* du classeur nuages-énoncés. Calculez le coefficient de corrélation du manganèse à partir de sa formule de calcul (cf. infra, annexe 3) :

$$r = \frac{n\sum xy - (\sum x)(\sum y)}{\sqrt{n\sum x^2 - (\sum x)^2}\sqrt{n\sum y^2 - (\sum y)^2}}$$

Complétez le tableau ci-dessous :

x	y	x²	y²	xy
0,34	2,8			
0,35	1,9			
0,39	3,3			
0,39	5,6			
0,41	4,2			
0,41	5,6			
0,49	4,2			
0,68	7,9			
somme des x	somme des y	somme des x^2	somme des y^2	somme des xy

Puis calculez r sous le tableau à l'aide de la formule ci-dessus, en utilisant les totaux du tableau précédent et les fonctions mathématiques *racine* et *puissance* du tableur.

Vous devez trouver la même valeur que celle qui a été trouvée avec la fonction *coefficient de corrélation*.

Corrigé :

x	y	x^2	y^2	xy
0,34	2,8	0,1156	7,84	0,952
0,35	1,9	0,1225	3,61	0,665
0,39	3,3	0,1521	10,89	1,287
0,39	5,6	0,1521	31,36	2,184
0,41	4,2	0,1681	17,64	1,722
0,41	5,6	0,1681	31,36	2,296
0,49	4,2	0,2401	17,64	2,058
0,68	7,9	0,4624	62,41	5,372
somme des x	somme des y	somme des x^2	somme des y^2	somme des xy
3,46	35,5	1,581	182,75	16,536

On retrouve bien r=0,81

Exercice 5 (suite) : droite de régression

Ouvrez la feuille *5. droite de régression*. Calculez avec le tableur le coefficient de corrélation de Pearson. Vous devez trouver r=0,96.

Indiquez en commentaire (dans une zone de texte) le degré d'alignement du nuage et si l'une des variables est contrôlée (on dit qu'une variable est contrôlée si un expérimentateur décide des valeurs qu'elle prendra au cours de l'expérience).

Corrigé :

Les quantités d'engrais et la production de gazon sont corrélées fortement, puisque le coefficient de corrélation de Pearson est égal à 0,96 ; cela traduit le bon alignement des points du nuage. La quantité d'engrais (x) est contrôlée.

Exercice 11 : coefficients de corrélation et de détermination

Ouvrez la feuille *11. corrélation et détermination*.

Cet exercice a pour propos de mettre en évidence la différence qui existe entre coefficient de corrélation et coefficient de détermination.

Construisez un tableau à trois colonnes ayant pour en-têtes : x, $y_1 = x + 2$ et $y_2 = 2\ ln(x) + 1$. Dans la colonne x placez les valeurs 1 à 9. Dans les deux autres colonnes placez les formules de calcul de y_1 et de y_2. Tracez un graphique du nuage (x, y_1) avec une courbe de tendance linéaire et affichage des points, de l'équation et du coefficient de détermination (noté R^2).

Faites de même avec le nuage (x, y_2) en plaçant sur le nuage une courbe de tendance logarithmique.

Calculez les coefficients de corrélation r des deux nuages et placez leurs valeurs sur les graphiques respectifs.

Corrigé :

x	y_1=x+2	y_2=2ln(x)+1
1	3	1,000
2	4	2,386
3	5	3,197
4	6	3,773
5	7	4,219
6	8	4,584
7	9	4,892
8	10	5,159
9	11	5,394

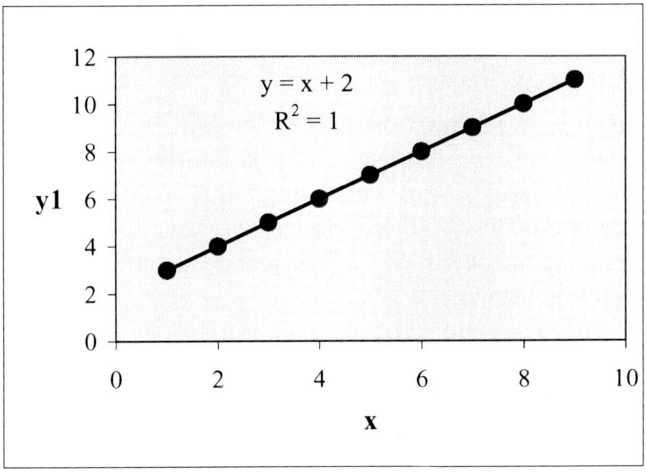

Pour ce nuage, le coefficient de corrélation est égal à 1 et le coefficient de détermination également.

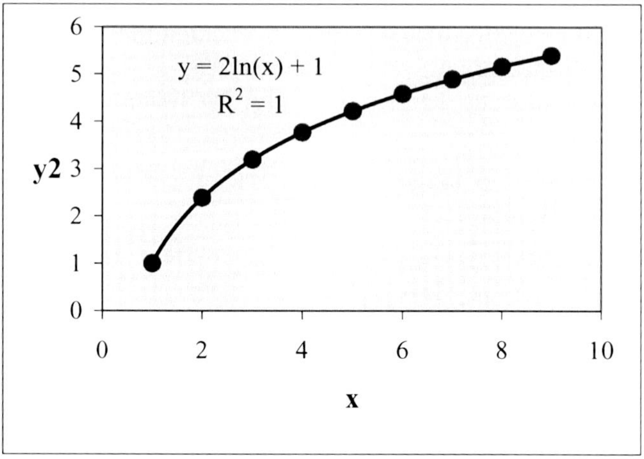

Pour le nuage ci-dessus, le coefficient de corrélation linéaire est égal à 0,95 et le coefficient de détermination est égal à 1.

Le coefficient de corrélation linéaire mesure la proximité de la courbe à une droite : dans le premier nuage, la courbe est une droite ; il est donc logique que le coefficient de corrélation linéaire soit égal à 1. Dans le deuxième nuage, la courbe est celle d'une fonction logarithme : il est donc logique que le coefficient de corrélation linéaire ne soit pas égal à 1 ; il est égal à 0,95 ce qui montre une proximité moindre avec une droite que dans le cas linéaire.

Le coefficient de détermination mesure la proximité du nuage à une courbe donnée. Dans le premier cas, où la courbe est une droite et les points alignés sur cette droite, il est logique que ce coefficient soit égal à 1. Dans le deuxième cas où la courbe est une fonction logarithme et les points correspondent à ceux de la fonction logarithme, le coefficient de détermination est aussi égal à 1.

Exercice 5 (suite et fin) : vérification des calculs

Ouvrez la feuille *5. droite de régression*.

En notant $y = ax + b$ l'équation de cette droite de régression, calculez a et b à partir de leurs formules de définition dont vous trouverez la démonstration en annexes 1et 2 :

$$a = \frac{n\sum xy - \sum x \sum y}{n\sum x^2 - (\sum x)^2} \text{ ; } b = \bar{y} - a\bar{x} = \frac{1}{n}(\sum y - a\sum x)$$

où n est le nombre de points du nuage.

Vérifiez que vos calculs conduisent aux mêmes résultats que les fonctions utilisées précédemment.

Corrigé :

Dans le calcul de a, le numérateur est égal à 201 300 et le dénominateur à 210 000. On trouve bien a= 0,96 ; puis b= 41,04, ce qui correspond aux coefficients de la droite de régression.

Exercice 12 : ajustement à une fonction puissance

Au cours de cet exercice, nous allons regarder si un lien entre le PNB par habitant et le taux de mortalité infantile (TMI) peut être observé et si oui quelle est son intensité.

Pour cela, nous utiliserons les données dont nous disposons pour 32 pays d'Europe et que nous avons vues en exemple 2 du chapitre (cf. supra), soit le PNB par habitant de 1996 en dollars US et le taux de mortalité infantile pour 1000 habitants en 1997.

Ouvrez la feuille *12. ajustement puissance*. Calculez le coefficient de corrélation entre PNB par habitant et TMI et commentez la valeur obtenue dans une zone de texte. Vous constaterez que la corrélation est moyenne. Dessinez un nuage en plaçant le PNB par habitant en abscisse et le TMI en ordonnée. Placez alors une courbe de tendance sur le graphique en choisissant le type qui vous semble le mieux approprié : ce sera celui qui donne le coefficient de détermination le plus élevé. Affichez sur le graphique l'équation de la courbe de tendance et le coefficient de détermination.

Corrigé :

Le coefficient de corrélation obtenu est moyen (r=-0,72) et la corrélation négative : quand le PNB par habitant augmente, le taux de mortalité infantile diminue.

C'est la fonction puissance avec laquelle on a le coefficient de détermination le plus élevé, comme sur le graphique ci-dessous :

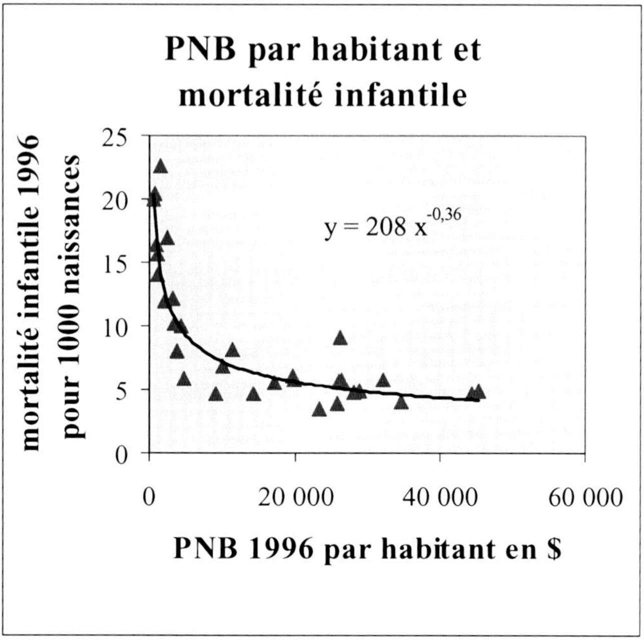

Exercice 13 : ajustements à une fonction exponentielle et à une fonction puissance

Une étude de l'influence de la vitesse du vent sur l'érosion de plaines sablonneuses dans l'ouest du Rajasthan intitulée « Soil Erosion by Wind from Bare Sandy Plains in Western Rajasthan, India » (*J. Arid Environ.* (1981):15-20) a conduit aux résultants suivants que vous trouverez également dans la feuille *13. ajustement exponentielle* :

x	y
13,5	15
14	35
15	25
17,5	25
19	70
20	80
21	140
22	75
23	125
25	190
25	300
26	240
27	315
x: vitesse du vent (km/h)	
y: érosion du sol (kg/jour)	

Construisez le nuage (x, y) comme ci-dessous :

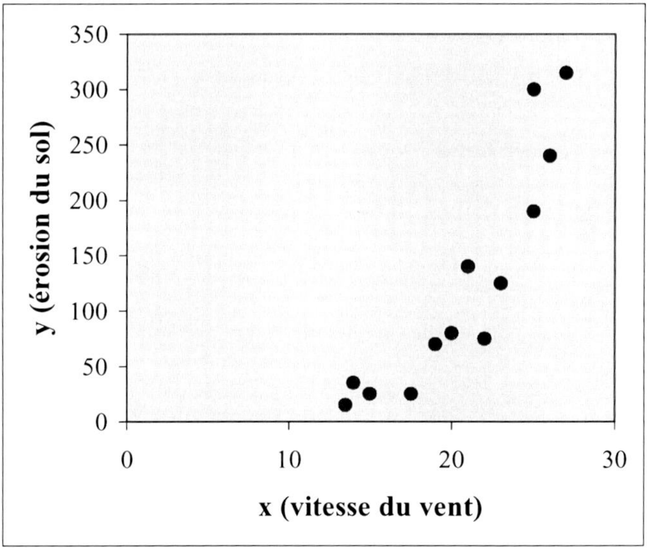

Le nuage est incurvé et évoque une fonction exponentielle ($y = be^{ax}$) ou une fonction puissance ($y = bx^{a}$). Pour trouver laquelle de ces deux relations est la plus proche des observations, nous allons construire les nuages (x, ln(y)) et (ln(x), ln(y)) et retenir celui dont les points seront les plus alignés.

Pour cela ajoutez les colonnes ln(x) et ln(y) au tableau et calculez les valeurs.

Construisez les nuages. Peut-on voir à l'œil nu que l'un d'eux est plus aligné que l'autre ?

Calculez les coefficients de corrélation des couples (x, ln(y)) et (ln(x), ln(y)).

Insérez une droite de régression, avec affichage de l'équation, sur le nuage qui a le coefficient de corrélation le plus élevé.

Placez sur le nuage (x, y) la courbe de tendance qui se transforme en droite sur le nuage précédent.

Vérifiez que l'on retrouve les paramètres de la droite à partir de ceux de la courbe de tendance et vice-versa.

Corrigé :

x	y	lnx	lny
13,5	15	2,60269	2,70805
14	35	2,63906	3,55535
15	25	2,70805	3,21888
17,5	25	2,86220	3,21888
19	70	2,94444	4,2485
20	80	2,99573	4,38203
21	140	3,04452	4,94164
22	75	3,09104	4,31749
23	125	3,13549	4,82831
25	190	3,21888	5,24702
25	300	3,21888	5,70378
26	240	3,25810	5,48064
27	315	3,29584	5,75257

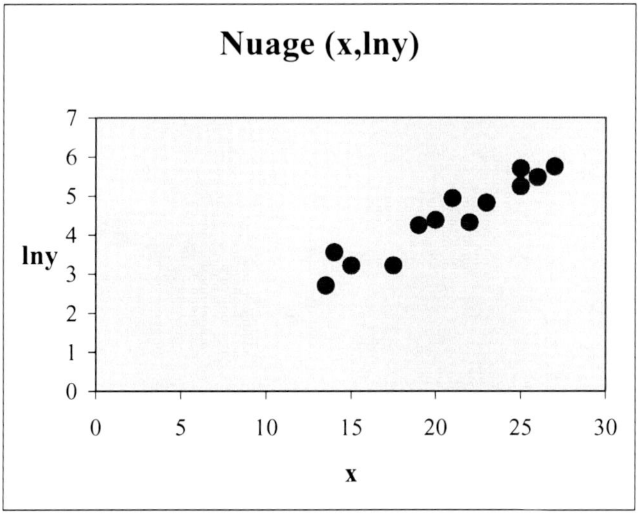

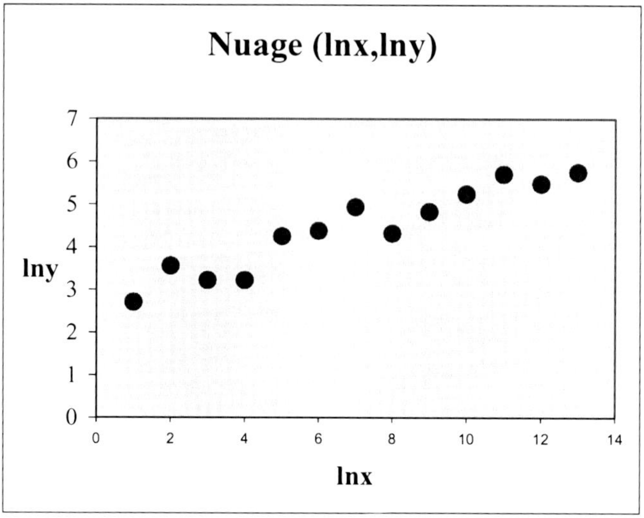

On ne peut pas voir à l'œil nu lequel des deux nuages est le plus aligné. Il faut pour le savoir, calculer les coefficients de corrélation. On trouve que le coefficient de corrélation du nuage (x, ln$y$) est de 0,95 et celui du nuage (ln$x$, ln$y$) de 0,94. C'est donc le nuage au coefficient de corrélation linéaire le plus élevé, qui est le nuage le plus aligné, à savoir le nuage (x, ln$y$).

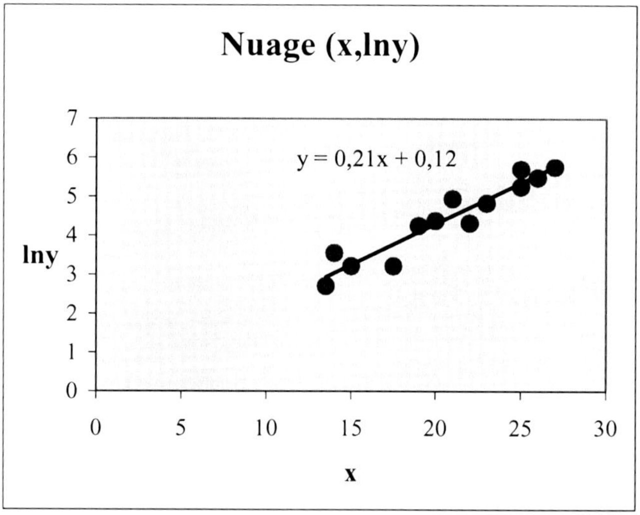

C'est la fonction exponentielle qui se transforme en droite dans le nuage (x, ln(y))

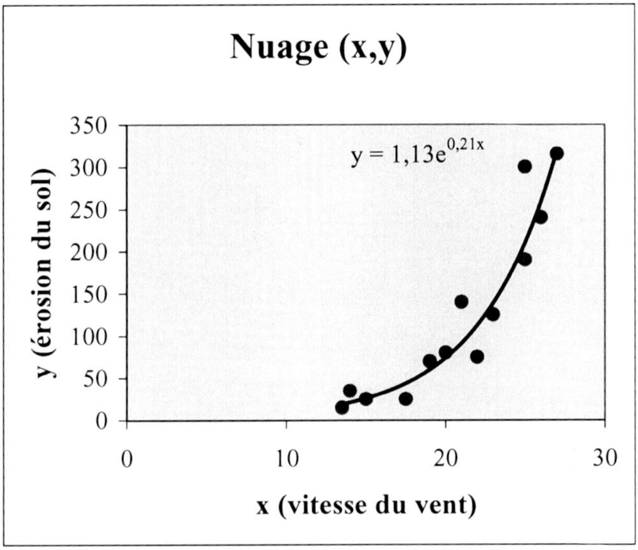

Comme $y = 1{,}13\ e^{0{,}21x}$

$\ln(y) = \ln(1{,}13) + 0{,}21x$, soit

$\ln(y) = 0{,}12 + 0{,}21x = 0{,}21x + 0{,}12$.

On retrouve donc bien l'équation de la droite à partir de celle de la courbe exponentielle.

Exercice 13 : ajustements à une fonction exponentielle et à une fonction puissance (suite)

En fait, on a oublié de prendre en compte une donnée dans l'exemple ci-dessus. Le tableau complet des données, est le suivant :

x	y
13,5	5
13,5	15
14	35
15	25
17,5	25
19	70
20	80
21	140
22	75
23	125
25	190
25	300
26	240
27	315

Recommencez l'exercice et vérifiez qu'on trouve un résultat différent.

Corrigé :

C'est le nuage ($\ln(x)$, $\ln(y)$) qui a le coefficient de corrélation linéaire le plus élevé et qui est donc le nuage de points le plus aligné. Ce changement de variable correspond à une fonction puissance pour le nuage (x, y).

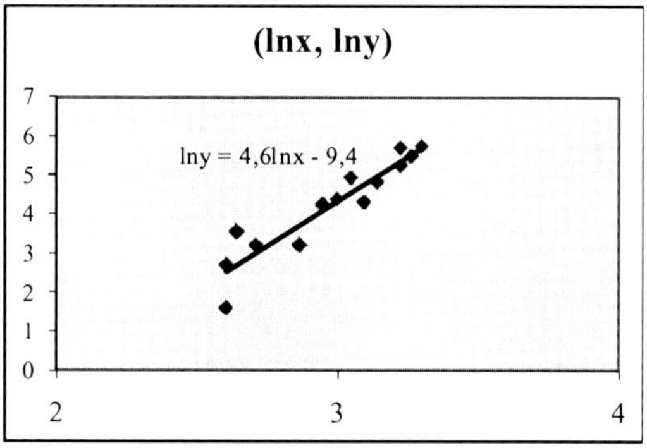

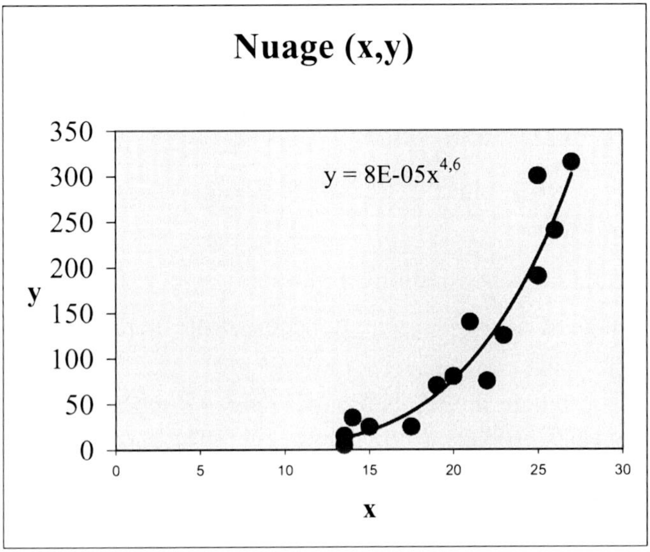

On a :

$y = 8E\text{-}0{,}5\ x^{4,6}$

avec E-0,5 signifiant 10 puissance – 5 d'où

$\ln y = \ln(8E\text{-}0{,}5) + 4{,}6 \ln x = \ln(8 \times 10^{-5}) + 4{,}6 \ln x = \ln 8 - 5 \ln 10 + 4{,}6 \ln x$

$\ln(y) = 4{,}6\ \ln(x) - 9{,}4$

On retrouve bien les coefficients de la droite ($\ln x$, $\ln y$)

Exercice 14 : ajustement à une fonction logarithme

Les lichens, que l'on rencontre facilement dans les parcs et jardins, sont utilisés comme indicateurs de pollution atmosphérique du fait de leur grande sensibilité à celle-ci. Une étude préliminaire rapportée dans l'article : " *Lichen Growth Responses to Stress Induced by Automobile Exhaust Pollution*, Science (1979) : 423-424) s'est proposée de répondre à la question « Y a-t-il une relation entre la vitesse de croissance d'un lichen et sa taille initiale ? ». En effet si l'étude conclut à une relation il faudra en tenir compte au moment où l'on mesurera l'impact de la pollution sur la croissance d'un lichen.

L'article contenait les données suivantes :

x :	0,02	0,03	0,02	0,05	0,06	0,06	0,08	0,09	0,14
y :	200	150	190	155	150	130	90	140	50

x :	0,14	0,22	0,15	0,22	0,55	0,61	1,49	1,65
y :	80	40	40	30	30	35	50	55

x : taille initiale de la population en mm^2 et

y : pourcentage d'accroissement de cette taille sur une période de 6 mois.

Construisez un nuage de points à partir de ces données. Si les points du nuage ne sont pas proches d'une droite, cherchez une transformation qui aligne ces points.

Choisissez la transformation qui conduit au coefficient de corrélation le plus satisfaisant ; placez sur le nuage obtenu, une droite de régression et sur le nuage (x, y), la courbe de tendance correspondante.

Corrigé :

Avec une fonction puissance on obtient $R^2 = 0{,}64$. Avec une fonction logarithme on obtient $R^2{=}0{,}69$.

Donc il est préférable d'ajuster avec une fonction logarithme.

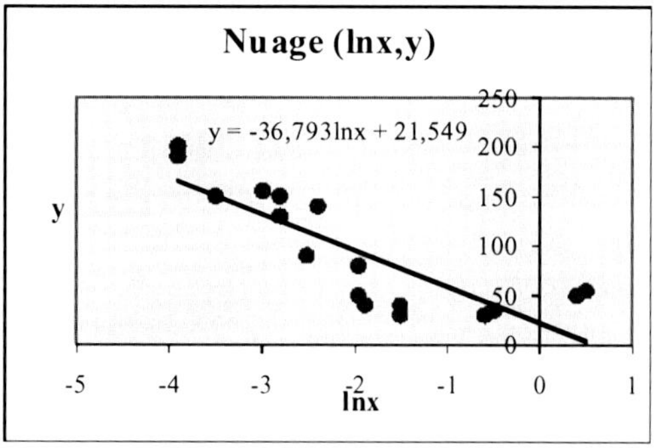

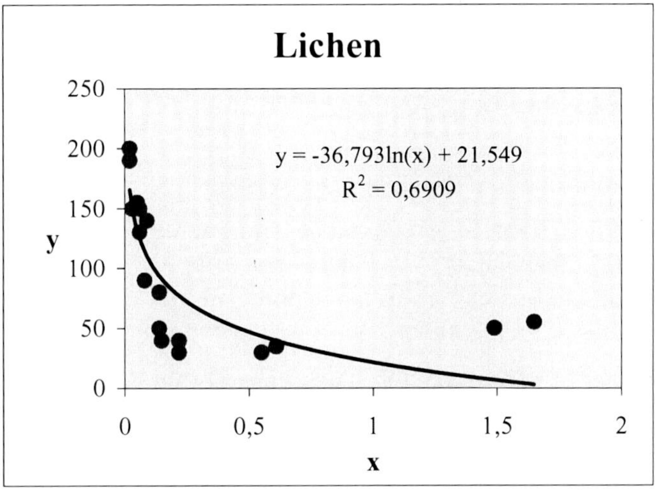

On retrouve bien les coefficients de la courbe logarithme.

4. Élasticité

Quand une variable en influence une autre, on peut se demander « dans quelle mesure » et chercher à savoir si l'influence est forte, moyenne ou faible.

Par exemple, une entreprise qui modifie le prix de vente d'un bien qu'elle produit souhaite savoir quelle influence cette modification peut avoir sur la demande de ce bien.

Autre exemple : pour un ministre de l'économie, il est préférable d'avoir une idée de l'impact d'une mesure avant de la prendre. Rétrospectivement, il n'est pas non plus sans intérêt de mesurer l'impact d'une politique. Ainsi comment l'augmentation du prix du tabac a-t-elle modifié sa consommation ?

Pour apprécier les variations de deux variables, économistes et statisticiens se servent d'un indicateur, l'élasticité.

Définition :

Soit deux variables x et y.

L'élasticité de la variable y par rapport à la variable x est définie par :

$E_{y/x}$ = variation de y / variation de x

Exemple (source INSEE) :

En 2005, le prix du tabac a augmenté de 0,5 % et sa consommation a diminué de 0,6 %. Ceci nous donne une élasticité de la consommation par rapport au prix égale à –0,6 % / 0,5 %, soit –1,2.

En 2002, 2003 et 2004, le prix du tabac a augmenté de 19,6 % par an. En 2003 et 2004, les achats ont baissé en volume de 15,9 % par an. L'élasticité de la consommation par rapport au prix a donc été égale à –15,9 / 19,6 soit –0,9 en 2003 et 2004.

Les 25 années précédentes, une hausse de 1% du prix relatif du tabac coïncidait avec une baisse des achats en volume de l'ordre de –0,3 %, soit une élasticité de –0,3.

On peut noter qu'en 2002 la baisse de la demande est restée de –0,3%, et l'élasticité de la demande par rapport au prix a donc été de l'ordre de –0,3 / 19,6, soit –0,015.

Interprétation :

Élasticité comprise entre –1 et 0.

Les variations de la demande sont de moindre amplitude que celles des prix. On parle alors de demande peu élastique par rapport aux prix.

Dans les 25 années qui ont précédé 2002, l'augmentation du prix n'a pas été accompagnée d'une baisse importante de la demande. L'augmentation importante du prix du tabac en 2002 ne s'est pas accompagnée d'une baisse de la demande. On ne constate une baisse de la demande que l'année suivante.

Élasticité égale à –1.

La variation de la demande est de même ampleur que celle des prix, mais de sens inverse. C'est ce qui s'est passé en 2003 et 2004.

Élasticité inférieure à –1.

Les variations de la demande sont plus importantes que celles des prix. On parle alors de demande très élastique par rapport aux prix. C'est le cas en 2005, bien que les prix n'aient augmenté que de 0,5 %.

On pourrait envisager que lorsque le prix du tabac augmente, la demande baisse, mais d'autres facteurs peuvent intervenir. Ainsi, les baisses de la consommation de tabac en 2003 et 2004 peuvent être liées à l'augmentation du prix. On peut aussi y voir un lien avec la loi du 24 juillet 2003 qui interdit la vente de paquets de moins de 20 cigarettes et la vente de tabac aux mineurs. Enfin, l'augmentation des achats transfrontaliers en 2003 et 2004 n'est pas sans incidence sur les achats effectués en France.

Des remarques analogues peuvent être faites quand l'élasticité est positive.

Le rapport d'une variation de la consommation à une variation des prix s'appelle «élasticité-prix ». Cette dernière est en général, négative, mais on peut calculer d'autres élasticités qui ne sont pas forcément négatives. Par exemple, l'élasticité consommation-revenu (rapport de la variation de la consommation et de celle du revenu) peut être positive pour certains biens, négative pour d'autres.

5. Le coefficient de corrélation de Spearman

5.1. Principe

Le coefficient de corrélation de Spearman permet d'étudier la corrélation de deux variables ordinales (variables quantitatives que l'on peut seulement ordonner) quand celles-ci prennent leurs valeurs sur des échelles comportant plus de six degrés.

Quand les échelles comportent moins de six degrés, on utilise d'autres indicateurs de corrélation, comme le tau de Kendall ou la statistique Gamma.

Le coefficient de corrélation de Spearman est souvent désigné par la lettre r comme le coefficient de corrélation de Pearson. Pour les distinguer l'un de l'autre, on ajoute la lettre s en indice au coefficient de Spearman noté alors r_s.

Le coefficient de corrélation de Spearman est le coefficient de Pearson appliqué aux rangs des observations. Par exemple, les quotients intellectuels sont mesurés sur une échelle ordinale allant de 0 à 200. Si on observe trois QI de valeur 80, 110 et 130, on attribuera au QI de 80 (qui est le plus faible) le rang 1, au QI de 110 (intermédiaire) le rang 2 et au QI de 130 (le plus élevé) le rang 3.

5.2. Calcul

Le calcul de ce coefficient se déroule en deux étapes.

On détermine tout d'abord les rangs, puis on calcule le coefficient de corrélation appliqué aux rangs.

Pour cela on trie le tableau sur les valeurs prises par la variable X pour associer des rangs à ces valeurs, puis on associe les rangs aux valeurs de la variable Y, enfin on calcule le coefficient de corrélation appliqué aux rangs.

Exemple :

Individu	variable X	rangs des X	variable Y	rangs des Y
1	10	1	100	4
2	15	2	90	3
3	30	4	50	1
4	20	3	120	5
5	500	5	80	2

Quand il y a des ex aequo, la procédure d'attribution des rangs est différente : elle est décrite au point 4.3. (cf. infra).

Exercice 15 : spearman1

Affichez la feuille *15. spearman1*.

Une pratique courante pour classer des vins est de les goûter. Le tableau de la feuille vin contient les appréciations de deux œnologues :

Vin	A	B	C	D	E	F	G	H	I
Oenologue1	7	1	3	2	8	5	9	6	4
Oenologue2	9	4	1	3	7	5	6	8	2

Calculez r_s (valeur du coefficient de corrélation de Spearman) comme mesure du lien entre les deux avis en appliquant la fonction *coefficient.corrélation* aux rangs.

Vérifiez que la valeur obtenue pour le coefficient de corrélation de rang de Spearman est cohérente avec l'aspect du nuage (Œnologue 1,

Œnologue 2).

Placez sur le graphique valeur de r_s et commentaire.

Corrigé :

Vin	Oenologue1	Oenologue2
C	3	1
I	4	2
D	2	3
B	1	4
F	5	5
G	9	6
E	8	7
H	6	8
A	7	9

Le coefficient de Spearman r_s est égal à 0,7. On obtient le nuage suivant :

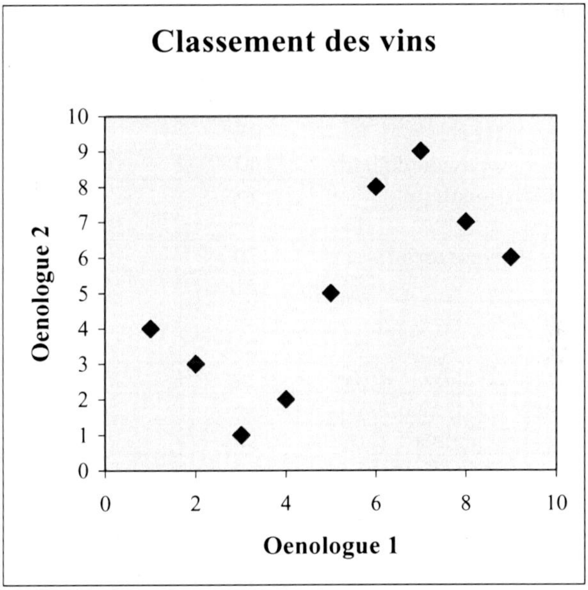

La corrélation moyenne est cohérente avec la forme du nuage où les points sont très moyennement alignés

Exercice 16 : spearman2

Les données de la feuille *16. spearman2*, tirées de « Rating The risks » (*Environment* (1979) :19), montrent comment trois groupes ont classé les risques relatifs de trente activités et technologies. Le rang 1 est donné à l'activité jugée la plus dangereuse.

Activité ou technologie	**Non étudiants**	**Etudiants**	**Experts**
Énergie nucléaire	1	1	20
Déplacement en voiture	2	5	1
Armes à feu	3	2	4
Tabagisme	4	3	2
Motocyclisme	5	6	6
Boissons alcoolisées	6	7	3
Déplacement en avion privé	7	15	12
Travail dans la police	8	8	17
Utilisation de pesticides	9	4	8
Intervention chirurgicale	10	11	5
Pompier	11	10	18
Travail dans le bâtiment	12	14	13
Chasse	13	18	23
Utilisation d'aérosols	14	13	26
Alpinisme	15	22	28
Cyclisme	16	4	15
Déplacement en avion de ligne	17	16	16
Centrale électrique	18	19	9
Natation	19	30	10
Utilisation de contraceptifs	20	9	11
Ski	21	25	30
Exposition aux rayons X	22	17	7
Football	23	26	27
Déplacement en chemin de fer	24	23	19
Conservateurs alimentaires	25	12	14
Colorants alimentaires	26	20	21
Tondre le gazon	27	28	28
Prise d'antibiotiques	28	21	24
Utilisation d'appareils ménagers	29	27	22
Vaccination	30	29	25

À l'aide du coefficient de Spearman mesurez le lien entre les jugements des groupes suivants : étudiants et non étudiants ; étudiants et experts ; non étudiants et experts.

Utilisez les coefficients obtenus pour dire quels sont les deux groupes dont les jugements sont les plus liés.

Corrigé :

Le coefficient de corrélation de Spearman est de 0,81 pour le groupe étudiants et non-étudiants ; il est de 0,64 pour le groupe étudiants et experts et de 0,60 pour le groupe non-étudiants et experts.

Les groupes dont les jugements sont les plus liés sont donc les non-étudiants et les étudiants.

5.3. Traitement des ex aequo

Quand il y a des ex æquo, la procédure d'attribution des rangs est différente.

On traite les ex æquo de la façon suivante : dans un premier temps, on attribue des rangs aux ex aequo dans l'ordre où ils apparaissent, puis on attribue à chacun un rang égal à la moyenne de leurs rangs.

Exemple :

Individu $n°$	variable X	rangs des X	rangs des X corrigés	variable Y	rangs des Y	rangs des Y corrigés
1	10	1	1,5	100	4	4,5
2	10	2	1,5	90	3	3
3	30	4	4	50	1	1
4	20	3	3	100	5	4,5
5	500	5	5	80	2	2

Enfin, on calcule r_s en calculant le coefficient de corrélation de Pearson appliqué aux rangs corrigés.

Exercice 17 : Spearman ex aequo

La densité énergétique de l'alimentation d'un individu a-t-elle un lien avec la forme de son corps ? Pour répondre à cette question, on a mesuré sur neuf individus la densité d'énergie x de l'alimentation et un paramètre y d'« épaisseur » du corps, l'indice de Quételet. Cet indice est une variable ordinale : plus l'indice est élevé, plus l'individu est épais, mais un indice deux fois plus élevé qu'un autre ne signifie pas que l'individu est deux fois plus épais.

Les données sont rassemblées dans la feuille *17. Spearman ex aequo* :

Tableau 1. Observations

Sujet	x	y
1	221	0,67
2	228	0,86
3	223	0,78
4	213	0,54
5	231	0,91
6	213	0,44
7	224	0,90
8	233	0,94
9	289	0,93

Ajoutez les colonnes rang(x) et rang(y) au tableau en tenant compte du fait qu'il y a des ex æquo.

Faites un nuage ayant pour abscisse rang(x) et pour ordonnée rang(y). La forme du nuage permet-elle d'envisager une association forte entre les deux variables ?

Mesurez l'association entre les deux variables et commentez dans une zone de texte le résultat obtenu.

Corrigé :

Sujet	x	y	Rang des x	Rang corrigé des x	Rang des y
1	221	0,67	3	3	3
2	228	0,86	6	6	5
3	223	0,78	4	4	4
4	213	0,54	1	1,5	2
5	231	0,91	7	7	7
6	213	0,44	1	1,5	1
7	224	0,90	5	5	6
8	233	0,94	8	8	9
9	289	0,93	9	9	8

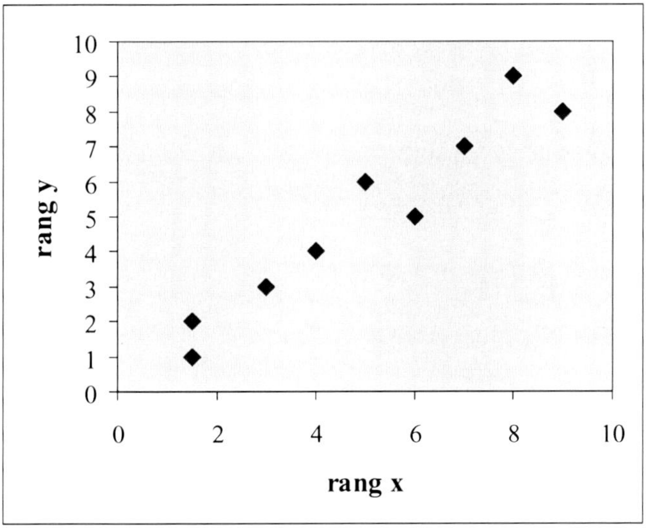

Les points du nuage sont fortement alignés, ce qui permet de supposer qu'il y a une association forte entre les deux variables. Cela est confirmé par le coefficient de corrélation appliqué aux rangs corrigés, qui est de 0,96, ce qui correspond à une forte corrélation.

6. Annexes

6.1. La méthode des moindres carrés

Les inconnues sont a et b ; i varie de 1 à n

On recherche les minima de la fonction $f(a,b) = \sum_i (y_i - ax_i - b)^2$;

(a,b) sera le minimum recherché s'il annule les dérivées partielles de $f(a,b)$; donc (a,b) sera solution des moindres carrés si :

$$\begin{cases} f_a'(a,b) = 0 \\ f_b'(a,b) = 0 \end{cases}$$

Les dérivées partielles de f se calculent à partir de la dérivée du carré d'une fonction : $(g^2)' = 2gg'$:

$$f_a'(a,b) = \sum_i 2(y_i - axi - b)(-x_i)$$

$$f_b'(a,b) = \sum_i 2(y_i - ax_i - b)(-1)$$

(a,b) annule ces dérivées soit :

$$(1) \Leftrightarrow f_a'(a,b) = \sum_i 2(y_i - ax_i - b)(-x_i) = 0$$

$$(2) \Leftrightarrow f_b'(a,b) = \sum_i 2(y_i - ax_i - b)(-1) = 0$$

$$(1) \Leftrightarrow f_a'(a,b) = \sum_i (y_i - ax_i - b)(x_i) = 0$$

$$(2) \Leftrightarrow f_b'(a,b) = \sum_i (y_i - ax_i - b) = 0$$

$$(2) \Leftrightarrow \sum_i y_i = \sum_i (ax_i + b) = \sum_i ax_i + \sum_i b$$

$$(2) \Leftrightarrow \sum_i y_i = a\sum_i x_i + nb$$

$$(2) \Leftrightarrow \frac{\sum_i y_i}{n} = a\frac{\sum_i x_i}{n} + b$$

(2) $\Leftrightarrow \bar{y} = a\bar{x} + b$ avec $\bar{x}$ et $\bar{y}$, moyennes arithmétiques respectives de x_i et y_i.

L'équation $\bar{y} = a\bar{x} + b$ équivalente à (2) signifie que la droite des moindres carrés passe par le point qui a pour abscisse $\bar{x}$ et pour ordonnée $\bar{y}$. On appelle ce point centre ou point moyen du nuage de points.

On a trouvé un point par lequel passe la droite des moindres carrés ; il reste à trouver la pente de la droite, qui est *a*, pour la définir complètement.

Pour cela on part de l'équation (1)

$$(1) \Leftrightarrow f_a^{'}(a,b) = \sum_i (y_i - ax_i - b)(x_i) = 0$$

Comme $b = \bar{y} - a\bar{x}$

$$\sum_i (y_i - ax_i - b)(x_i) = 0 \Leftrightarrow \sum_i (y_i - ax_i - \bar{y} + a\bar{x})(x_i) = 0$$

soit

$$\sum_i x_i(y_i - \bar{y}) = a\sum_i (x_i - \bar{x})x_i$$

soit

$$a = \frac{\sum_i x_i(y_i - \bar{y})}{\sum_i x_i(x_i - \bar{x})}$$

Le coefficient *a* peut s'écrire d'une autre façon.

Selon les propriétés de la moyenne $\bar{y}$, $\sum_i (y_i - \bar{y}) = 0$,

alors $\bar{x}\sum_i (y_i - \bar{y}) = 0$ et le numérateur de *a* peut s'écrire :

$$\sum_i x_i(y_i - \bar{y}) - \bar{x}\sum_i (y_i - \bar{y})$$

et $\sum_i x_i(y_i - \bar{y}) - \sum_i \bar{x}(y_i - \bar{y}) = \sum_i (x_i - \bar{x})(y_i - \bar{y})$

De même pour le dénominateur de *a* :

$$\sum_i (x_i - \bar{x}) = 0$$

d'où : $\bar{x}\sum_i (x_i - \bar{x}) = 0$

soit : $\sum_i \bar{x}(x_i - \bar{x}) = 0$

d'où le dénominateur de a est égal à :

$$\sum_i x_i(x_i - \bar{x}) - \sum_i \bar{x}(x_i - \bar{x})$$

égal à $\sum_i (x_i - \bar{x})(x_i - \bar{x}) = \sum_i (x_i - \bar{x})^2$

d'où : $a = \dfrac{\sum_i (x_i - \bar{x})(y_i - \bar{y})}{\sum_i (x_i - \bar{x})^2}$

On a $V(x) = \dfrac{\sum_i (x_i - \bar{x})^2}{n}$

d'où :

$$\sum_i (x_i - \bar{x})^2 = nV(x)$$

Et si l'on note covariance de x et de y :

$$Cov(x, y) = \frac{\sum_i (x_i - \bar{x})(y_i - \bar{y})}{n}$$

alors $\quad a = \dfrac{nCov(x, y)}{nV(x)} = \dfrac{Cov(x, y)}{V(x)}$

On a trouvé les valeurs de a et b du modèle étudié :

$$a = \frac{Cov(x, y)}{V(x)}$$

$$b = \bar{y} - a\bar{x}$$

$ax_i + b$ la valeur approchée de y_i donnée par la droite des moindres carrés.

6. 2. Covariance et pente de la droite des moindres carrés

6.2.1. Formule développée de la covariance

Comme il y a une formule développée de la variance, il y a une formule développée de la covariance.

$$Cov(x,y) = \frac{\sum_i (x_i - \bar{x})(y_i - \bar{y})}{n} = \frac{\sum_i (x_i y_i - x_i \bar{y} - \bar{x} y_i + \bar{x}.\bar{y})}{n}$$

$$= \frac{\sum_i x_i y_i}{n} - \frac{\sum_i x_i \bar{y}}{n} - \frac{\sum_i \bar{x} y_i}{n} + \frac{\sum_i \bar{x}.\bar{y}}{n}$$

$$= \frac{\sum_i x_i y_i}{n} - \frac{\bar{y}\sum_i x_i}{n} - \frac{\bar{x}\sum_i y_i}{n} + \frac{n\bar{x}.\bar{y}}{n}$$

$$= \frac{\sum_i x_i y_i}{n} - \bar{y}.\bar{x} - \bar{x}.\bar{y} + \bar{x}.\bar{y}$$, soit :

$$Cov(x,y) = \frac{\sum_i x_i y_i}{n} - \bar{x}.\bar{y}$$

6.2.2. Pente de la droite des moindres carrés

Nous avons vu que la pente de la droite des moindres carrés, a, est égale à :

$a = \frac{Cov(x,y)}{V(x)}$, soit d'après les formules développées de la variance :

$V(x) = \frac{\sum_i x_i^2}{n} - \bar{x}^2$ et de la covariance (cf. ci-dessus) :

$$a = \frac{\frac{\sum_i x_i y_i}{n} - \bar{x}.\bar{y}}{\frac{\sum_i x_i^2}{n} - \bar{x}^2}$$

$$a = \frac{\sum x_i y_i - n\bar{x}.\bar{y}}{\sum x_i^2 - n\bar{x}^2}$$

$$a = \frac{n}{n}\left(\frac{\sum x_i y_i - n(\frac{\sum x_i}{n})(\frac{\sum y_i}{n})}{\sum x_i^2 - n(\frac{\sum x_i}{n})^2}\right)$$

$$a = \frac{n\sum x_i y_i - (\sum x_i)(\sum y_i)}{n\sum x_i^2 - (\sum x_i)^2}$$

6.3. Formulation du coefficient de corrélation

$$r = \frac{Cov(x, y)}{\sigma(x)\sigma(y)}$$ avec :

$$Cov(x, y) = \frac{\sum_i x_i y_i}{n} - \bar{x}.\bar{y}$$

$$Cov(x, y) = \frac{n\sum_i x_i y_i - n^2\bar{x}.\bar{y}}{n^2} = \frac{n\sum_i x_i y_i - n^2(\frac{\sum x_i}{n})(\frac{\sum y_i}{n})}{n^2}$$ et

$$\sigma(x)\sigma(y) = \sqrt{\frac{\sum_i x_i^2}{n} - \bar{x}^2}\sqrt{\frac{\sum_i y_i^2}{n} - \bar{y}^2}$$ soit :

$$r = \frac{n\sum x_i y_i - (\sum x_i)(\sum y_i)}{\sqrt{n^2}.\sqrt{n^2}\sigma(x)\sigma(y)}$$

$$r = \frac{n\sum x_i y_i - (\sum x_i)(\sum y_i)}{\sqrt{n^2}.\sigma(x).\sqrt{n^2}.\sigma(y)}$$

Puisque :

$$\sqrt{n^2}\sigma(x) = \sqrt{n^2(\frac{\sum x_i^2}{n} - \bar{x}^2)}$$

$$= \sqrt{n\sum x_i^2 - n^2(\frac{\sum x_i}{n})^2}$$

$$= \sqrt{n\sum x_i^2 - (\sum x_i)^2}$$

et qu'on a une formule symétrique pour y :

$$r = \frac{n\sum x_i y_i - (\sum x_i)(\sum y_i)}{\sqrt{n\sum x_i^2 - (\sum x_i)^2}\sqrt{n\sum y_i^2 - (\sum y_i)^2}}$$

6.4. Le coefficient de corrélation dans le cas de nuages linéarisés

On peut également calculer un coefficient de corrélation linéaire dans le cas de nuages linéarisés. Ce coefficient mesurera alors la qualité de l'ajustement entre les nouvelles variables, celles qui correspondent à un nuage linéarisé.

Prenons l'exemple de la fonction puissance : $y = bx^a$

Nous avons vu que ce nuage est transformé en droite par le changement de variables : $X = \ln(x)$ et $Y = \ln(y)$

Avec $Y = aX + b$, a et b étant donnés par la méthode des moindres carrés ordinaires, soit :

$$a = \frac{Cov(\ln(x), \ln(y))}{V(\ln(x))} \text{ et } b = \overline{Y} - a\overline{X}$$

Par définition, le coefficient de détermination $R^2 = \frac{V(\hat{Y})}{V(Y)}$

Avec $V(\hat{Y}) = V(aX + b) = a^2 V(X) = \frac{Cov^2(X,Y)V(X)}{V^2(X)}$

d'où : $R^2 = \frac{Cov^2(X,Y)V(X)}{V^2(X)V(Y)} = \frac{Cov^2(X,Y)}{V(X)V(Y)}$

Le coefficient de détermination est donc bien égal au carré du coefficient de corrélation linéaire des variables $X = \ln(x)$ et $Y = \ln(y)$.

Attention, le coefficient de corrélation linéaire ne s'applique qu'aux variables X et Y du nuage linéarisé (X, Y) de la fonction puissance.

Si l'on reprend le nuage de départ (x, y) de la fonction puissance, c'est le coefficient de détermination R^2, rapport de la variance expliquée à la variance totale, qui mesure la proximité de ce nuage à la fonction puissance et qui sera proche de 1, alors que le coefficient de corrélation linéaire de ces variables (x, y) sera différent de 1, la fonction puissance n'étant pas une droite.

On peut appliquer le même raisonnement dans les autres cas de nuages linéarisés que l'on a vus : fonction exponentielle et fonction logarithme. En appliquant les changements de variables appropriés $(x, Y=\ln(y))$ pour la fonction exponentielle et $(X=\ln(x), y)$ pour la fonction logarithme, on peut calculer un coefficient de détermination qui sera égal au carré du coefficient de corrélation linéaire, pour les nuages linéarisés $(x, \ln(y))$ pour la fonction exponentielle et $(\ln(x), y)$ pour la fonction logarithme.

Par contre si l'on examine les nuages de départ $(x, y=be^{ax})$ pour la fonction exponentielle ou $(x, y=a\ln(x)+b)$ pour la fonction logarithme, le coefficient de détermination, rapport de la variance expliquée à la variance totale, mesure la proximité du nuage à ces deux fonctions. Le calcul du coefficient de corrélation linéaire dans les deux cas des fonctions exponentielle et logarithme donnera un résultat différent de 1, ces deux fonctions n'étant pas représentées par des droites.

Enfin pour des nuages non linéarisables, c'est le coefficient de détermination qui exprime la proximité du nuage à une courbe de tendance quelconque et le coefficient de corrélation linéaire, qui mesure la proximité du nuage à une droite, sera différent de 1.

CHAPITRE 4 : SÉRIES CHRONOLOGIQUES

1. Introduction

Un cas particulier de distribution de deux variables est celui où l'une des variables est le temps. Cette famille de distributions fait l'objet d'un vocabulaire et de traitements spécifiques.

Nous présenterons le vocabulaire spécifique de ces distributions puis quelques modèles, parmi les plus simples, qui peuvent leur être appliqués.

Définition :

On appelle série chronologique (chronique, série temporelle) la distribution statistique d'une variable au cours du temps. Les séries chronologiques sont des cas particuliers de séries statistiques à deux variables, l'une des variables étant le temps.

Exemples :

Nombre de décès annuels dus aux accidents de la route ; nombre de mariages un mois donné ; effectif d'une population le premier de chaque mois.

Les données d'une série temporelle sont des observations faites, soit à un instant donné (on parle alors de stocks), soit sur un intervalle de temps (on parle alors de flux). Dans les deux cas, on utilise les mêmes modèles.

Définitions :

On appelle stock (ou niveau) l'observation d'une variable à un instant donné. On appelle flux l'observation d'une variable sur une période donnée.

Exemples :

Stocks : population au 1er janvier.

Flux : décès sur une année, nombre de naissances en un mois, production d'une année.

Les observations sont le plus souvent effectuées à intervalles de temps constants : le jour, le mois, le trimestre, l'année, etc., mais ce n'est pas indispensable.

La première étape de l'étude d'une série chronologique consiste à en faire une représentation graphique. Ce graphique donnera une idée générale du comportement de cette série et orientera le choix d'un modèle.

Exemple :

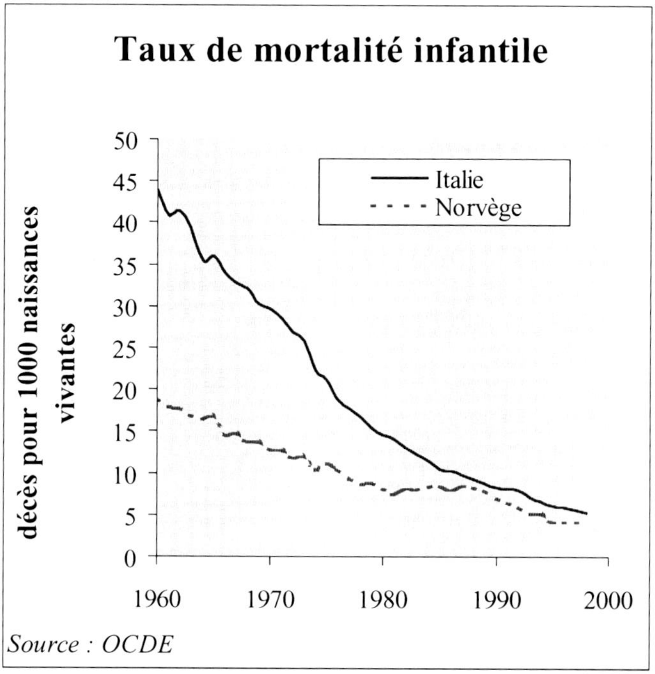

Ce graphique montre une tendance à la baisse pour les deux pays. Le taux de mortalité infantile de l'Italie est environ deux fois plus élevé que celui de la Norvège en 1960 et tend à rejoindre celui-ci vers l'an 2000. La décroissance est linéaire en Norvège, avec un palier de 1980 à 1989. En Italie, la décroissance linéaire jusqu'en 1973, prend ensuite une allure exponentielle.

L'analyse d'une série chronologique permet de décrire le comportement de la variable étudiée et de faire des prévisions. Dans ce chapitre, nous mettrons l'accent sur la prévision. Les modèles utilisés pour faire des prévisions sont souvent complexes, mais notre propos étant de présenter ce domaine de la statistique, nous n'utiliserons que des modèles simples.

2. Modélisation

La première étape de la modélisation d'une chronique consiste à choisir un modèle pour son allure générale, sa tendance.

Définition :

On appelle tendance (*trend*, tendance générale, tendance de longue durée, tendance à long terme) les mouvements de moyenne ou de longue durée.

Les tendances peuvent être : la croissance (exemple 1), la décroissance (exemple 2) ou la stabilité : constance ou oscillations (exemples 3 et 4).

Remarque : la notion de moyenne ou longue durée est une notion relative liée à la fréquence des observations. Ainsi, pour des observations mensuelles, le mois est un court terme, l'année un moyen terme et cinq ans un long terme.

Exemples :

Exemple 1

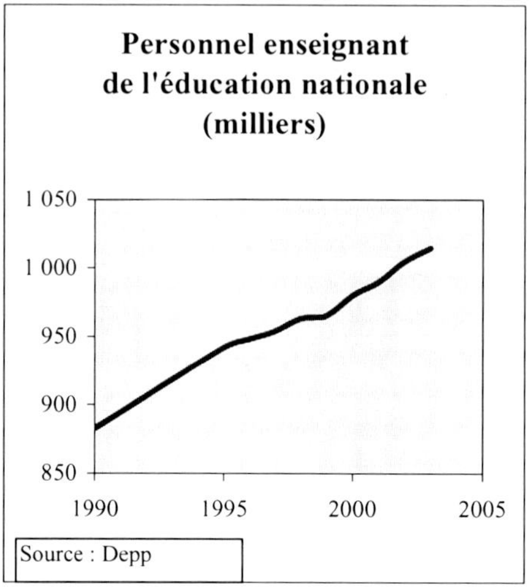

Exemple 2

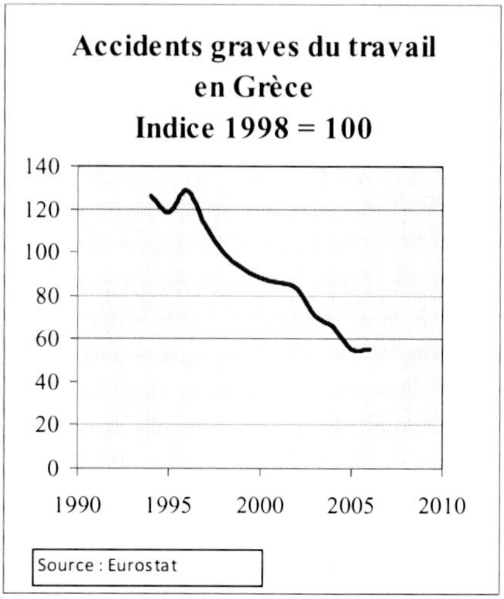

Exemple 3

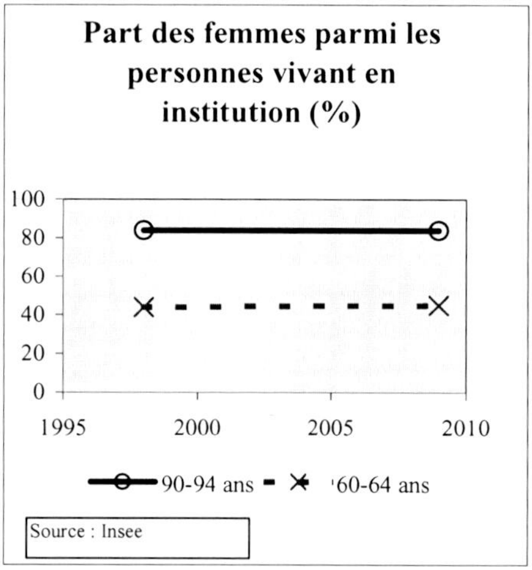

Exemple 4

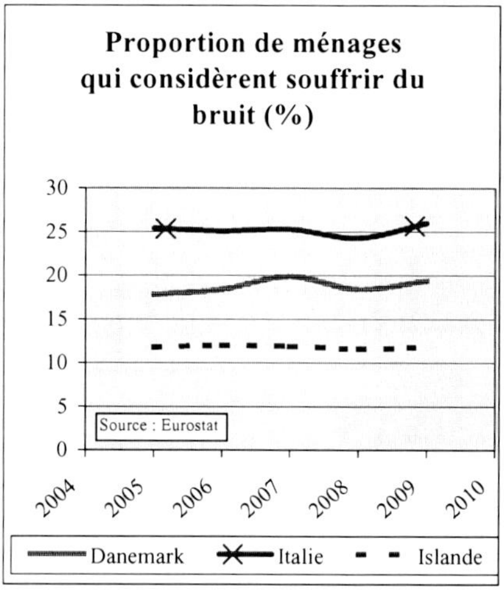

La seconde étape consiste à observer les fluctuations autour de la tendance : variations accidentelles, saisonnières, cycliques ou résiduelles.

Nous rechercherons dans un premier temps les variations accidentelles.

Définition :

Une variation accidentelle est une variation due à une cause qui ne se répète pas.

Les variations accidentelles sont entraînées par des causes diverses (erreurs de collecte des données, mouvements sociaux, épidémie, accidents météorologiques : séisme, gel, tornade...). Elles peuvent être repérées quand elles sont importantes. Une fois ces variations repérées et si possible identifiées, il est judicieux de les ôter de la série avant de construire un modèle. Quand elles sont moins importantes, il est plus difficile de les repérer, mais du fait de leur valeur faible leur impact sur le modèle sera moins important. Il existe néanmoins des méthodes statistiques de détection de ces variations que l'on peut utiliser pour affiner le modèle.

Enfin, en ce qui concerne les données économiques et sociales liées aux jours ouvrables on élimine cette influence avant de construire le modèle. Une fois cette influence éliminée, on parle de données corrigées des jours ouvrables.

Quand les fluctuations autour de la tendance se répètent d'une façon régulière sur des périodes de durée constante, on parle de variations saisonnières.

Définition :

Une variation saisonnière est une fluctuation autour de la tendance qui se répète à intervalles réguliers.

Remarque : le terme « variation saisonnière » vient du fait que les variables dont les valeurs sont liées aux saisons présentent ce type de fluctuations. En statistique, le terme « saison » a un autre sens, lié à la fréquence des observations. Ainsi, si les observations sont mensuelles, chaque mois est une saison, si elles sont trimestrielles, chaque trimestre est une saison, etc.

Définition :

On appelle période d'une série à variations saisonnières le nombre de saisons (douze mois, quatre trimestres, etc.).

Quand les fluctuations se répètent sur des périodes de durée variable, on parle alors de mouvements cycliques ou de cycles.

Définition :

Un cycle est une fluctuation autour de la tendance qui se répète sur des périodes de longueur variable.

Une fois le modèle construit, des écarts entre observations et modèle subsistent, comme nous avons pu le constater dans le chapitre précédent. Ces écarts sont considérés comme aléatoires et appelés résidus.

Définition :

On appelle résidus ou composantes résiduelles les écarts entre observations et modèle. Ces écarts sont aussi qualifiés de bruit ou d'aléas.

2.1. Modélisation de la tendance

Si les points du nuage sont plus ou moins alignés et s'il n'y a ni variations saisonnières ni cycle, on a que la tendance à modéliser et on utilise le modèle $Y_t=T_t+R_t$ dans lequel Y_t représente la variable étudiée, T_t la tendance, R_t le résidu et t le temps, avec $T_t=at+b$, les coefficients a et b étant obtenus par la méthode des moindres carrés.

Quand la tendance n'est pas linéaire, les techniques de linéarisation abordées dans le chapitre « Association de variables » sont à utiliser quand la forme du nuage s'y prête. Si la linéarisation du nuage est impossible, un autre modèle est alors utilisé.

Exercice 1 : tendance linéaire

La série chronologique contenue dans le tableau ci-dessous représente l'état de la population en France de 1982 à 2007 et des estimations de cette population de 2008 à 2011.

Vous trouverez ces données dans la feuille : *1. données* du classeur *chronos-énoncés.*

Construisons un graphique à partir du tableau :

Population de la France métropolitaine

Année	Population au 1er janvier	Année	Population au 1er janvier
1982	54 335 000	1997	58 116 018
1983	54 649 984	1998	58 298 962
1984	54 894 854	1999	58 496 613
1985	55 157 303	2000	58 858 198
1986	55 411 238	2001	59 266 572
1987	55 681 780	2002	59 685 899
1988	55 966 142	2003	60 101 841
1989	56 269 810	2004	60 505 421
1990	56 577 000	2005	60 963 264
1991	56 840 661	2006	61 399 733
1992	57 110 533	2007	61 795 238
1993	57 369 161	2008 (p)	62 134 963
1994	57 565 008	2009 (p)	62 473 876
1995	57 752 535	2010 (p)	62 799 180
1996	57 935 959	2011 (p)	63 136 180

(p) solde migratoire 2008, populations et soldes migratoires 2009, 2010 et 2011,

Sources : Insee, estimations de population et statistiques de l'état civil.

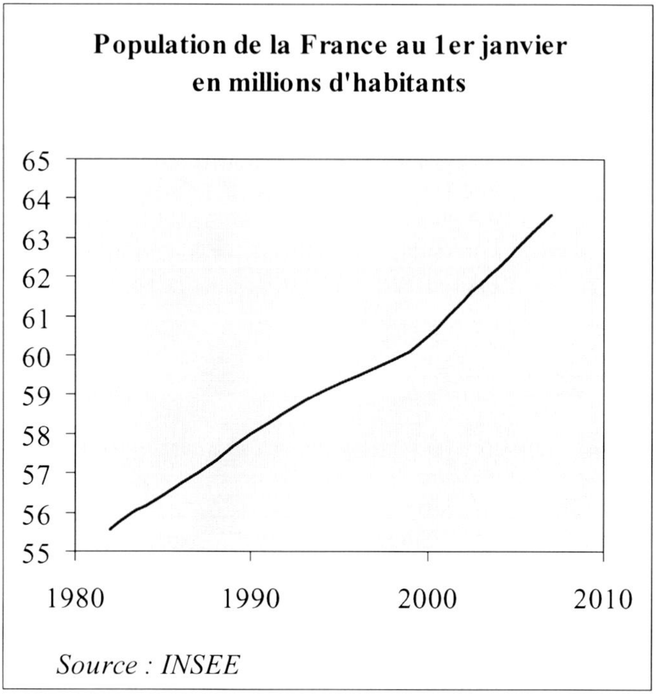

Sur ce graphique, on observe nettement deux tendances linéaires à long terme, l'une allant de 1982 à 1999 et l'autre allant de 2000 à 2008.

1. Pour confirmer cette observation, calculez les taux de croissance.

- placez les données sur deux colonnes (une pour les années, l'autre pour les populations) ;

- ajoutez une colonne au tableau, donnez-lui pour titre *Taux de croissance annuel* et placez dans cette colonne le calcul des taux de croissance annuels au format pourcentage avec une décimale ;

- construisez un graphique de l'évolution de ces taux.

Corrigé :

Année	Population au 1er janvier (millions)	Taux de croissance
1982	55,6	
1983	55,9	0,6%
1984	56,2	0,5%
1985	56,4	0,5%
1986	56,7	0,5%
1987	57,0	0,5%
1988	57,3	0,5%
1989	57,7	0,6%
1990	58,0	0,6%
1991	58,3	0,5%
1992	58,6	0,5%
1993	58,9	0,5%
1994	59,1	0,4%
1995	59,3	0,4%
1996	59,5	0,3%
1997	59,7	0,3%
1998	59,9	0,3%
1999	60,1	0,4%

Année	Population au 1er janvier (millions)	Taux de croissance
2000	60,5	0,6%
2001	60,9	0,7%
2002	61,4	0,7%
2003	61,8	0,7%
2004	62,3	0,7%
2005	62,7	0,8%
2006	63,2	0,7%
2007	63,6	0,7%
2008	64,0	0,6%
2009	64,3	0,6%
2010	64,7	0,5%
2011	65,0	0,6%

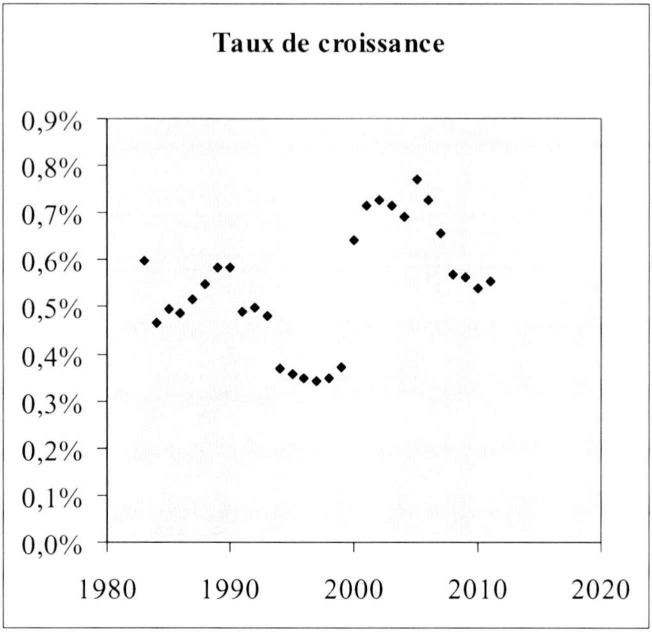

On observe bien sur ce nuage la rupture de l'an 2000.

2. Nous vous proposons maintenant d'ajuster une courbe de tendance linéaire sur les données allant de 2000 à 2007, de prolonger cette tendance jusqu'en 2011 et d'observer l'écart entre cette courbe et les estimations de l'Insee.

- pour faciliter la lecture du graphique transformez l'unité de population en millions d'habitants sur l'axe des ordonnées, puis choisissez *0* comme minimum et *70 000* comme maximum.

Changer l'unité de graduation d'un axe.

Avec Calc : ajoutez une colonne au tableau, entre année et population et introduisez dans cette colonne la formule qui donne la population en millions d'habitants.

Avec Excel 2000 : affichez la boîte de dialogue *Format de l'axe* par un clic droit sur l'axe, cliquez sur l'onglet *Échelle* et choisissez *Millions* comme unité d'affichage,

Avec Excel 2007 ou 2010 : clic droit sur l'axe vertical, puis clic gauche sur *Mise en forme de l'axe.*

- construisez un nuage de huit points allant de 2000 à 2007 ;

- ajoutez au graphique une courbe de tendance linéaire avec une prospective sur quatre ans et l'affichage de l'équation et du coefficient de détermination ;

Prolongation d'une courbe de tendance

Avec Excel 2000 : dans la boîte de dialogue *Format de la courbe de tendance*, cliquez sur l'onglet *Options* et choisissez une prospective de 4 unités dans la rubrique *Prévisions.*

Avec Excel 2007 et 2010, *Prospective de 4 unités* est remplacé par *Transférer 4 périodes.*

Avec Calc : la courbe de tendance est prolongée automatiquement jusqu'aux extrémités de l'échelle des abscisses.

- ajoutez au graphique le nuage des points correspondant aux estimations faites par l'INSEE pour les années 2008-2011 ;

- commentez ce graphique, en particulier l'évolution des écarts entre la courbe de tendance et les estimations.

Corrigé :

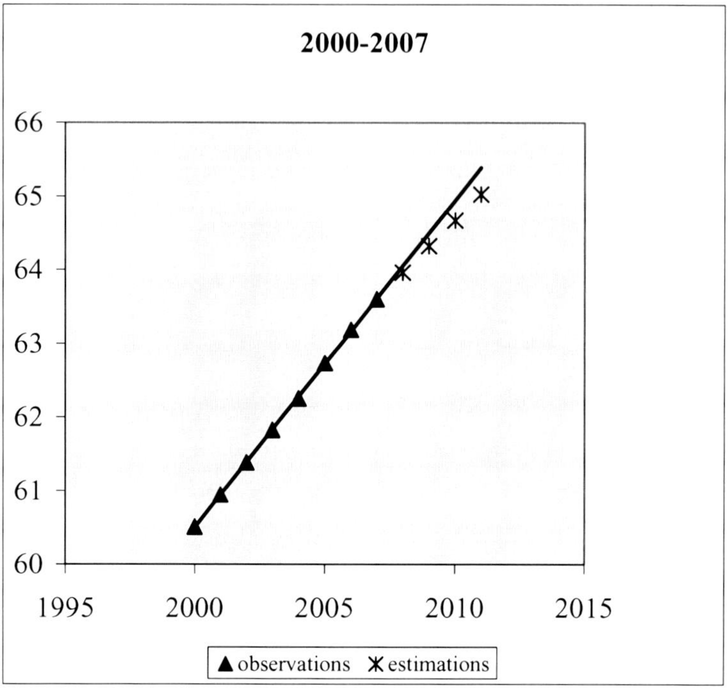

On observe sur ce graphique que plus on s'éloigne de 2007 plus l'écart se creuse entre la droite de tendance et les estimations de l'INSEE. Ceci tient au fait que l'INSEE n'a pas simplement prolongé une courbe de tendance, mais a pris en compte d'autres facteurs.

3. Ajustez une courbe de tendance linéaire avec prospective de 4 ans sur les données de 1982 à 2007 et comparer la qualité des prévisions avec celle de la question précédente.

Corrigé :

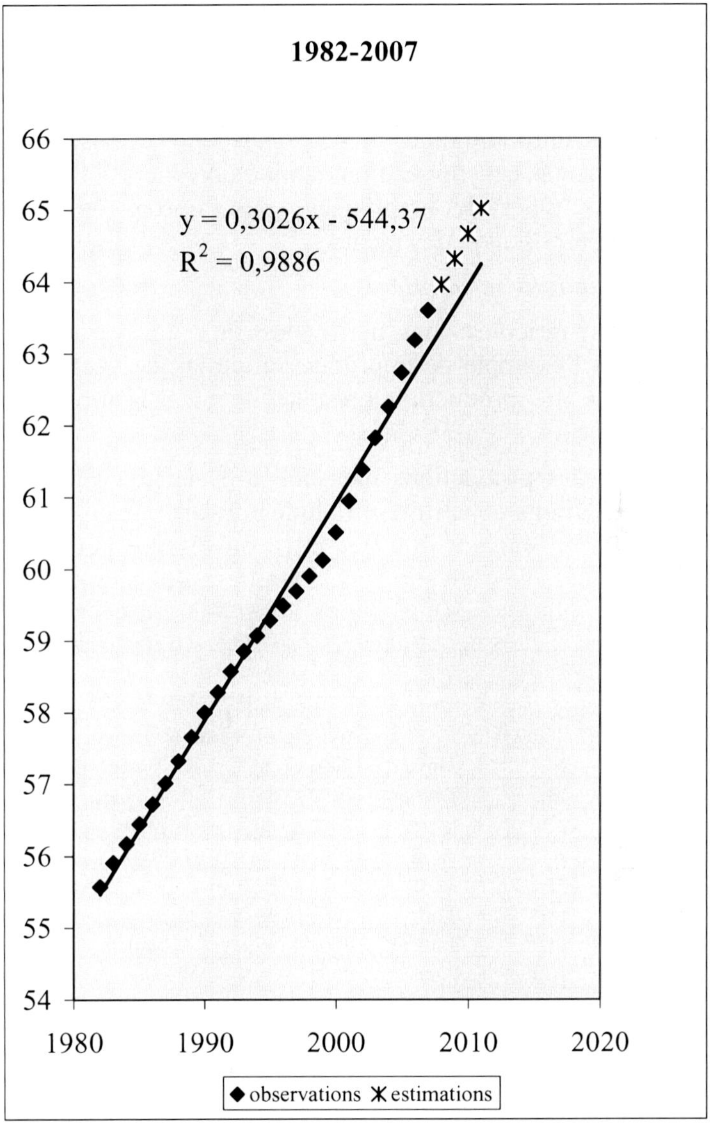

On constate (en prenant soin d'avoir la même unité sur les deux échelles verticales) que les prévisions basées sur la série 1982 - 2007 s'éloignent plus des estimations de l'INSEE que celles qui sont basées sur la série 2000-2007.

2.2. Modélisation des variations saisonnières

Quand une série chronologique présente des fluctuations, on cherche alors à déterminer si ces fluctuations sont saisonnières. Pour cela, on dispose de deux types de graphiques : des courbes où les saisons identiques se superposent et des radars.

Exercice 2 : variations saisonnières

Les productions agricoles font partie des flux qui varient avec les saisons. Prenons l'exemple de la production de lait de vache en France métropolitaine. Cette production présente un pic au printemps et un creux à l'automne.

Nous disposons des productions mensuelles de lait de janvier 2001 à juin 2010. Nous allons construire un modèle à partir des données allant de 2001 à 2008 en gardant 2009 et 2010 en réserve pour valider ce modèle. Ces données se trouvent dans la feuille *2. données* du classeur.

Tableau 1

Mois		Année	Hectolitre (millions)	Mois		Année	Hectolitre (millions)	Mois		Année	Hectolitre (millions)
1	Janvier	2001	20,1	1	Janvier	2002	20,3	1	Janvier	2003	19,7
2	Février	2001	18,5	2	Février	2002	18,7	2	Février	2003	17,8
3	Mars	2001	20,6	3	Mars	2002	20,4	3	Mars	2003	19,5
4	Avril	2001	20,5	4	Avril	2002	21,8	4	Avril	2003	21,4
5	Mai	2001	21,1	5	Mai	2002	22,0	5	Mai	2003	22,1
6	Juin	2001	18,9	6	Juin	2002	19,2	6	Juin	2003	18,9
7	Juillet	2001	17,2	7	Juillet	2002	17,8	7	Juillet	2003	17,3
8	Août	2001	16,4	8	Août	2002	16,7	8	Août	2003	16,1
9	Septembre	2001	16,1	9	Septembre	2002	16,5	9	Septembre	2003	16,3
10	Octobre	2001	18,0	10	Octobre	2002	18,1	10	Octobre	2003	18,1
11	Novembre	2001	18,3	11	Novembre	2002	18,3	11	Novembre	2003	18,0
12	Décembre	2001	19,5	12	Décembre	2002	19,5	12	Décembre	2003	19,4

Nous allons procéder par étapes :

1. représentation graphique pour vérifier la présence de variations

saisonnières et détection de la présence d'irrégularités ;

2. recherche de la tendance ;
3. modélisation des variations saisonnières ;
4. prévisions
5. validation et choix d'un modèle
6. représentation graphique du modèle retenu.

1. Représentation graphique

La première étape consiste à représenter graphiquement la série pour vérifier si les niveaux de production se répètent pour chaque mois d'une année sur l'autre ou bien s'ils se modifient.

Construisez un graphique à partir du premier tableau de la feuille *2. modèle additif*, en plaçant de 2001 à 2008 les mois en abscisse, les productions en ordonnée, avec une série par année.

> Pour placer toutes les années sur le graphique en une seule opération :
>
> Avec Calc : Effacez le mot *Mois* de l'en-tête de la première colonne. Sélectionnez les en-têtes de lignes et de colonnes et les données jusqu'à 2008, puis cliquez sur *Insérer ; Diagramme ; XY (dispersion) ; lignes seules* ; lignes lisses. Vous avez ensuite le choix d'une méthode de lissage.
>
> Avec Excel 2000 : Effacez le mot *Mois* de l'en-tête de la première colonne. Sélectionnez les en-têtes de lignes et de colonnes et les données jusqu'à 2008, puis choisissez le type de graphique (*Nuages de points* ou *Courbes*). A la deuxième étape de l'assistant graphique, cliquez sur le bouton *Données en colonnes*.
>
> Avec Excel 2007 : Effacez le mot *Mois* de l'en-tête de la première colonne. Sélectionnez les en-têtes de lignes et de colonnes et les données jusqu'à 2008, puis cliquez sur *Insertion* ; *Nuage de points* ; *Nuage de points avec courbe lissée* ou bien sur *Insertion* ; *Ligne* ; *Courbe*.

Vous garderez les années qui se comportent de la même façon pour construire le modèle.

Corrigé :

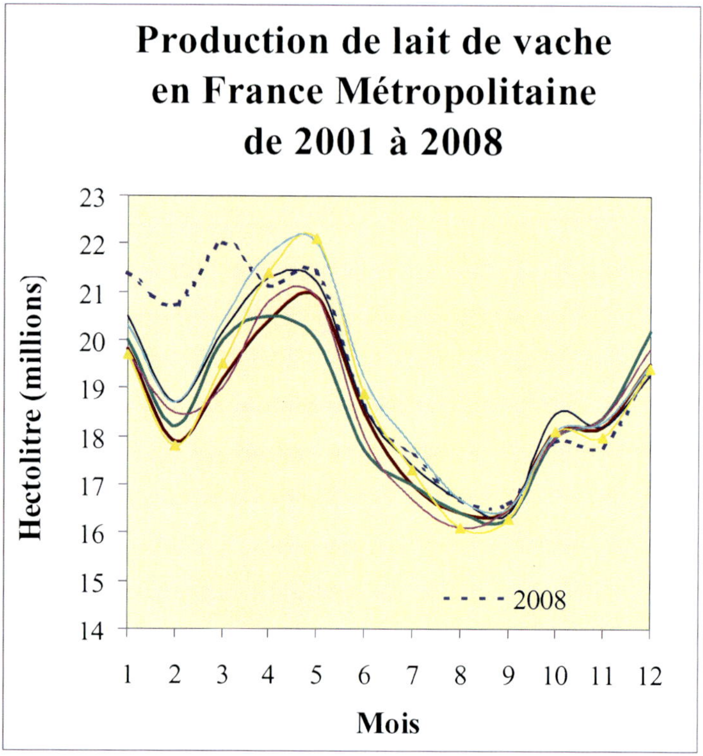

Nous constatons que les productions de lait se trouvent à des niveaux comparables d'une année sur l'autre, excepté en 2008 où les productions de début d'année sont plus importantes. Pour cette raison, nous exclurons 2008 pour construire le modèle.

2. Recherche de la tendance.

Construisez un graphique de type *XY* (*dispersion*) avec Calc*, Nuages de point,* avec Excel, sans liaisons entre les points, à partir des données 2001 à 2007 en plaçant les numéros des mois (de 1 à 84) en abscisse. Ajoutez une courbe de tendance adaptée à la forme du nuage (avec équation et coefficient de détermination).

Utilisez l'équation de la courbe de tendance pour calculer les valeurs de cette tendance dans la colonne *T* du tableau 1 des feuilles *2. modèle additif* et 2. *modèle multiplicatif.*

Corrigé :

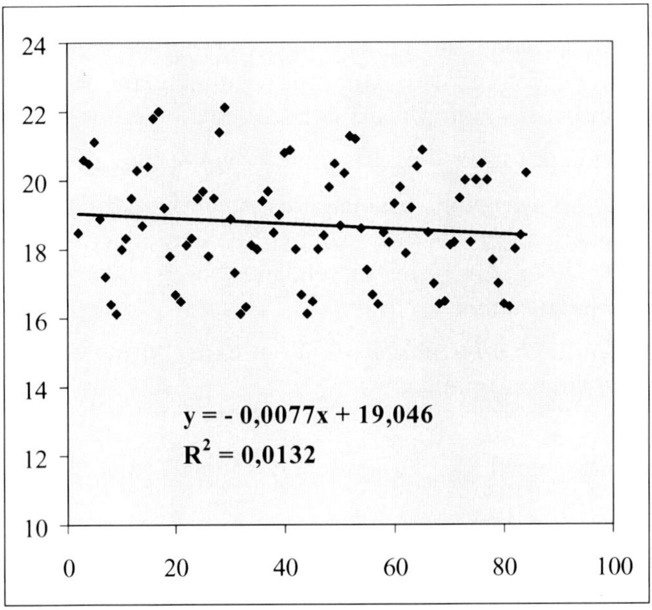

Le nuage est aligné, aussi nous lui avons adjoint une courbe de tendance linéaire. On constate une décroissance faible et un resserrement des points du nuage autour de la tendance au fil du temps.

Remarque : bien que le nuage s'étire en longueur, le coefficient de détermination est proche de zéro. Ceci vient du fait que le nuage s'étirant horizontalement, la droite de tendance est proche de l'horizontale, ce qui correspond à des niveaux moyens de production variant peu au cours du temps (cf. supra point 3.1. du chapitre 3).

3. Modélisation des variations saisonnières.

Nous allons tester deux modèles simples qui prennent en compte les variations saisonnières : un modèle additif qui s'écrit $Y_t=T_t+S_t+R_t$ et un modèle multiplicatif qui s'écrit : $Y_t=T_tS_t+R_t$. Ces deux modèles prennent en compte la tendance **Erreur ! Objet incorporé incorrect.**, une composante saisonnière **Erreur ! Objet incorporé incorrect.**, et un résidu **Erreur ! Objet incorporé incorrect.**. Notons que certains auteurs utilisent un modèle multiplicatif de la forme $Y_t = T_t S_t R_t$.

Le choix d'un modèle additif ou d'un modèle multiplicatif dépend du comportement des variations saisonnières. Si leur amplitude garde le même ordre de grandeur sur le long terme, le modèle additif donnera de meilleures prévisions. Si leur amplitude diminue ou augmente sur le long terme, le modèle multiplicatif donnera de meilleures prévisions.

3.1. Observation des variations saisonnières sur le long terme.

Pour observer les variations saisonnières sur le long terme, nous allons extraire de la série la production maximale et la production minimale de chaque année. Pour confirmer la tendance, nous calculerons aussi la moyenne de chaque année.

Affichez la feuille *2. tableau années* et entrez les formules de calcul des moyennes, maxima et minima.

> Les tableurs Calc et Excel disposent des fonctions *MAX* et *MIN*

Placez sur un graphique les séries *Maxima*, *Minima* et *Moyennes* sous la forme *XY (dispersion)* avec Calc, *Nuages de points* avec Excel, sans liaisons entre les points, puis ajoutez une courbe de tendance linéaire aux séries *Maxima* et *Minima*.

Observez les deux courbes de tendance : sont-elles plus ou moins parallèles ?

La série *Moyenne* confirme-t-elle la tendance qui s'est dégagée à la question précédente ?

Corrigé :

Mois	2001	2002	2003	2004	2005	2006	2007
1	20,1	20,3	19,7	19,7	20,5	19,8	20,0
2	18,5	18,7	17,8	18,5	18,7	17,9	18,2
3	20,6	20,4	19,5	19,0	20,2	19,2	20,0
4	20,5	21,8	21,4	20,8	21,3	20,4	20,5
5	21,1	22,0	22,1	20,9	21,2	20,9	20,0
6	18,9	19,2	18,9	18,0	18,6	18,5	17,7
7	17,2	17,8	17,3	16,7	17,4	17,0	17,0
8	16,4	16,7	16,1	16,1	16,7	16,4	16,4
9	16,1	16,5	16,3	16,5	16,4	16,5	16,3
10	18,0	18,1	18,1	18,0	18,5	18,1	18,0
11	18,3	18,3	18,0	18,4	18,2	18,2	18,4
12	19,5	19,5	19,4	19,8	19,3	19,5	20,2

Maximum :	21	22	22	21	21	21	21
Minimum :	16	17	16	16	16	16	16

Moyenne :	19	19	19	19	19	19	19

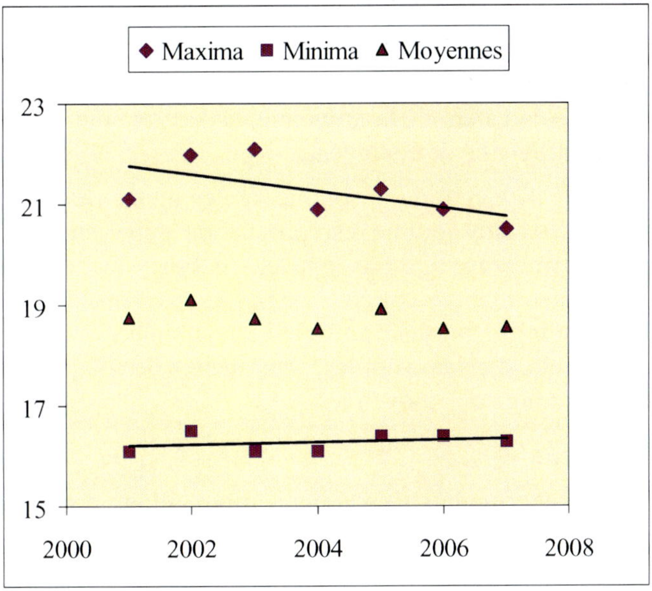

Les courbes de tendance des maxima et des minima se rapprochent, aussi le modèle multiplicatif devrait donner un meilleur ajustement. C'est ce que nous allons vérifier en appliquant les deux modèles à notre série et en évaluant la qualité des prévisions faites à partir de chacun d'eux.

3.2. Calcul des coefficients saisonniers

Modèle additif :

Pour obtenir les coefficients saisonniers, nous allons procéder comme suit :

- pour chaque mois, calcul de l'écart entre valeurs observées (Y) et trend (T), soit $Y - T$. Nous nommerons cet écart : *écart saisonnier* ;
- pour chaque saison, calcul de la moyenne des écarts saisonniers observés ;
- correction éventuelle de ces moyennes pour obtenir les coefficients saisonniers S_t.

Affichez le tableau 1 de la feuille *2. modèle additif.* Entrez dans la colonne *Écarts saisonniers* la formule de calcul de Y-T, de 2001 à 2007.

Reportez dans le tableau 2 les écarts obtenus (Attention, vous devez faire un collage spécial des valeurs).

Entrez la formule de calcul de la moyenne des écarts pour chaque saison dans la colonne *Moyenne* de ce tableau.

Entrez la formule de calcul de la somme de ces douze moyennes en bas de la colonne. Si cette somme est proche de zéro, situation où ces coefficients se compensent, vous pouvez recopier les valeurs de ces moyennes dans la colonne S_t. Si ce n'est pas le cas, vous devez effectuer une correction pour obtenir des coefficients saisonniers S_t dont la somme soit nulle. Pour cela, dans la colonne S_t retranchez de chaque moyenne le douzième de la somme des moyennes.

Modèle multiplicatif :

Pour obtenir les coefficients saisonniers , nous allons procéder comme suit :

- pour chaque mois, calcul du rapport entre valeurs observées (Y) et trend (T), soit Y/T. Nous nommerons ce rapport : *rapport saisonnier* ;
- pour chaque saison, calcul de la moyenne des rapports saisonniers

observés ;

- correction éventuelle de ces moyennes pour obtenir les coefficients saisonniers S_t.

Affichez le tableau 1 de la feuille *2. modèle multiplicatif.* Entrez dans la colonne « *Y*/*T* » la formule de calcul de *Y*/*T*, de 2001 à 2007.

Reportez dans le tableau 2 les écarts obtenus.

Entrez la formule de calcul de la moyenne des rapports pour chaque saison dans la colonne *Moyenne* de ce tableau.

Entrez la formule de calcul de la somme de ces douze moyennes en bas de la colonne.

La somme de ces moyennes est égale au nombre de saisons, ici douze, quand ces coefficients se compensent. En effet, leurs valeurs se dispersent autour de un (si valeur de la production *Y* et tendance *T* sont égales, $Y/T = 1$).

Si cette somme est très différente de douze, dans la colonne S_t, multipliez chaque moyenne par douze et divisez-la par la somme des moyennes pour obtenir des coefficients saisonniers S_t dont la somme soit égale à douze, sinon recopiez les valeurs de la colonne *Moyennes* dans la colonne S_t.

Corrigé :

Modèle additif :

Tableau 2. Coefficients saisonniers

Mois (t)	S_t	Moyenne	2001	2002	2003	2004	2005	2006	2007
1	1,12	1,09	1,1	0,4	0,7	0,9	1,8	1,2	1,5
2	-0,28	-0,32	-0,5	0,5	-1,0	-0,3	0,0	-0,7	-0,3
3	1,05	1,02	1,6	0,7	0,8	0,3	1,5	0,6	1,5
4	1,69	1,65	1,5	0,9	0,6	2,1	2,7	1,8	2,0
5	1,87	1,83	2,1	0,8	1,3	2,2	2,6	2,4	1,5
6	-0,21	-0,25	-0,1	2,0	-2,1	-0,7	0,0	0,0	-0,7
7	-1,36	-1,40	-1,8	1,4	-3,2	-2,0	-1,2	-1,5	-1,4
8	-1,94	-1,98	-2,6	1,6	-4,2	-2,6	-1,9	-2,1	-2,0
9	-2,01	-2,04	-2,9	1,4	-4,3	-2,2	-2,2	-2,0	-2,1
10	-0,47	-0,51	-1,0	0,9	-1,8	-0,7	-0,1	-0,4	-0,4
11	-0,30	-0,33	-0,7	0,6	-1,2	-0,3	-0,4	-0,3	0,0
12	0,85	0,82	0,5	0,7	-0,2	1,1	0,7	1,0	1,8
Somme :	0,00	-0,41							

Modèle multiplicatif :

Tableau 2. Coefficients saisonniers

Mois (t)	S_t	Moyenne	2001	2002	2003	2004	2005	2006	2007
1	1,07	1,07	1,1	1,1	1,0	1,1	1,1	1,1	1,1
2	0,98	0,98	1,0	1,0	0,9	1,0	1,0	1,0	1,0
3	1,06	1,06	1,1	1,1	1,0	1,0	1,1	1,0	1,1
4	1,12	1,12	1,1	1,2	1,1	1,1	1,1	1,1	1,1
5	1,13	1,13	1,1	1,2	1,2	1,1	1,1	1,1	1,1
6	0,99	0,99	1,0	1,0	1,0	1,0	1,0	1,0	1,0
7	0,92	0,92	0,9	0,9	0,9	0,9	0,9	0,9	0,9
8	0,88	0,88	0,9	0,9	0,9	0,9	0,9	0,9	0,9
9	0,88	0,88	0,8	0,9	0,9	0,9	0,9	0,9	0,9
10	0,97	0,97	0,9	1,0	1,0	1,0	1,0	1,0	1,0
11	0,98	0,98	1,0	1,0	1,0	1,0	1,0	1,0	1,0
12	1,05	1,05	1,0	1,0	1,0	1,1	1,0	1,1	1,1
Somme :	12,01	12,01							

La somme des moyennes étant proche de douze, nous avons recopié ces moyennes dans la colonne S_t.

4. Prévisions

Modèle additif :

Recopiez les valeurs de la tendance en 2009 et 2010 dans le tableau 3 de la feuille *2. modèle additif*, ainsi que les coefficients saisonniers.

Calculez les prévisions en additionnant tendance et coefficient saisonnier.

Calculez les erreurs de prévision en soustrayant les observations des prévisions.

Faites un graphique sur lequel figureront les observations en traits pleins et les prévisions en traits pointillés.

Modèle multiplicatif :

Recopiez les valeurs de la tendance en 2009 et 2010 dans le tableau 3 de la feuille *2. modèle multiplicatif*, ainsi que les coefficients saisonniers.

Calculez les prévisions en multipliant tendance et coefficient saisonnier.

Calculez les erreurs de prévision en soustrayant les observations des prévisions.

Faites un graphique sur lequel figureront les observations en traits pleins et les prévisions en traits pointillés.

En observant les deux graphiques pouvez-vous dire que l'un des modèles est meilleur que l'autre ?

Corrigé :

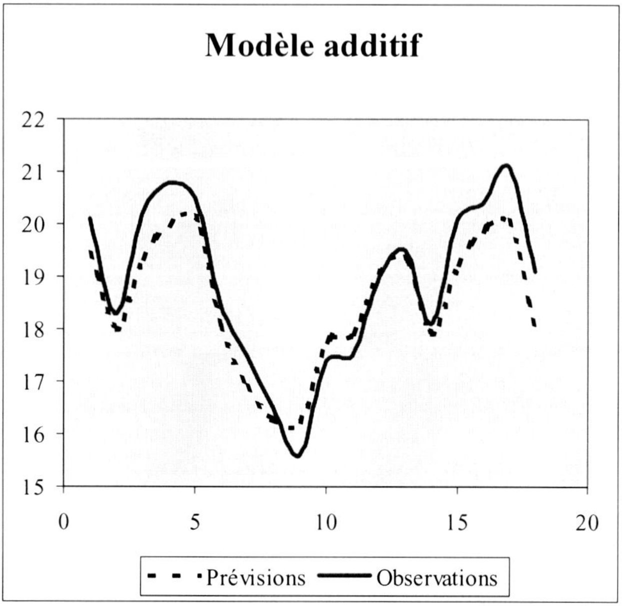
Modèle additif
22
21
20
19
18
17
16
15
0
5
10
15
20
Prévisions
Observations

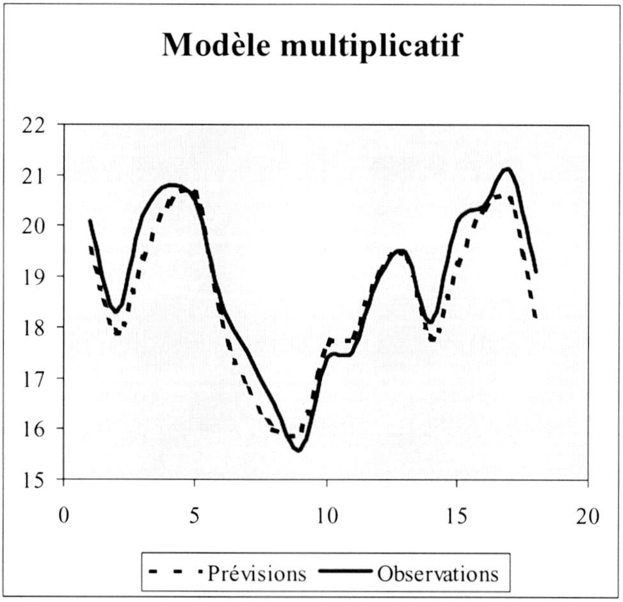
Modèle multiplicatif
22
21
20
19
18
17
16
15
0
5
10
15
20
Prévisions
Observations

L'observation des deux graphiques montre que le modèle multiplicatif donne de meilleures prévisions.

5. Validation et choix d'un modèle

Pour valider le modèle qui sera retenu, nous allons définir trois indicateurs d'erreurs. Nous appellerons erreurs les écarts E_t entre prévisions et observations (soit E_t = Prévision – Observation).

Le premier indicateur sera la moyenne des erreurs en valeur absolue. Nous l'appellerons MEVA (Moyenne des Erreurs en Valeurs Absolues).

Le deuxième indicateur sera la moyenne des erreurs relatives en valeur absolue. Nous l'appellerons MERVA (Moyenne des Erreurs Relatives en Valeurs Absolues).

Le troisième indicateur sera la moyenne des carrés des erreurs. Nous l'appellerons MCE (Moyenne des Carrés des Erreurs).

Les formules correspondantes sont :

$$MEVA=\frac{1}{18}\sum_{t=1}^{18}|E_t| \qquad MERVA=\frac{1}{18}\sum_{t=1}^{18}\left|\frac{E_t}{Y_t}\right| \qquad MCE=\frac{1}{18}\sum_{t=1}^{18}E_t^2$$

Remplissez les colonnes EVA, ERVA et CE dans les feuilles *2. modèle additif* et *2. modèle multiplicatif*, puis calculez les valeurs prises par ces indicateurs.

Plus les valeurs des indicateurs sont faibles, meilleure est la prévision. Concluez en choisissant l'un des modèles.

Corrigé :

	modèle additif	modèle multiplicatif
MEVA =	0,54	0,45
MERVA =	2,83%	2,37%
MCE =	0,39	0,28

Les trois indicateurs donnent une meilleure prévision pour le modèle multiplicatif.

6. Représentation graphique

Placez sur un graphique les productions de lait de janvier 2001 à juin 2010 et les estimations données par le modèle que vous avez retenu.

Les estimations, notées $\hat{Y}$, sont données par $\hat{Y}=T+S$ pour le modèle additif et $\hat{Y}=T.S$ pour le modèle multiplicatif.

Pour construire ce graphique, ajoutez au tableau 1 du modèle que vous aurez choisi une colonne que vous intitulerez *Estimations* et dans laquelle vous calculerez les estimations données par le modèle.

Corrigé :

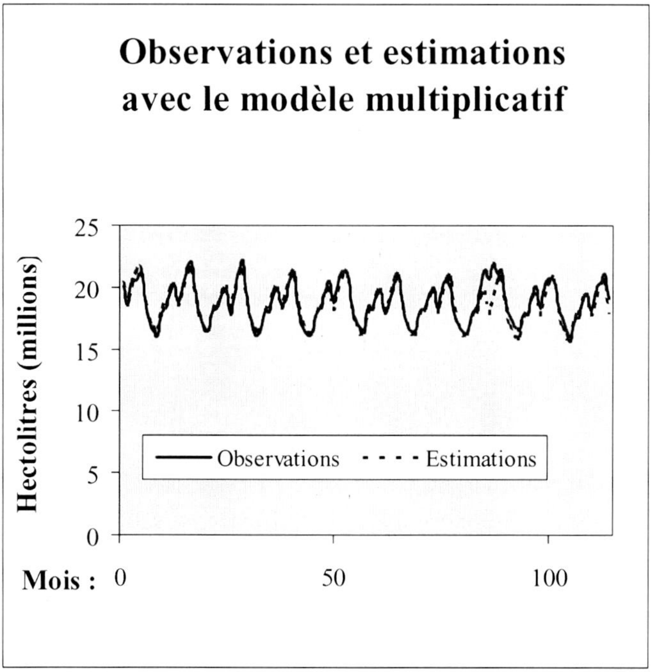

On observe que le modèle épouse les variations saisonnières, sauf en avril, mai et juin de l'année 2008.

Exercice 3 : variations saisonnières 2

Nous disposons du nombre mensuel de mariages en France métropolitaine de janvier 1975 à juin 2010. Nous allons construire un modèle avec les données 1975-2008 pour prévoir les mariages de 2009 et 2010. Les données se trouvent dans la feuille *3.données* du classeur.

Nous reprendrons les mêmes étapes que dans l'exercice précédent :

1. représentations graphiques pour vérifier la présence de variations saisonnières ;
2. recherche de la tendance ;
3. modélisation des variations saisonnières ;
4. prévisions et validation du modèle
5. représentation graphique du modèle.

1. Représentations graphiques

Pour observer l'évolution mensuelle des mariages de 1975 à 2008, ouvrez le classeur *chronos-énoncés* et affichez la feuille *3. tableau années*.

Réalisez avec les données allant de 1975 à 2008 un radar (appelé *Toile* dans Calc) et un graphique de courbes comportant une courbe par année. Une fois le graphique réalisé, vous pouvez augmenter sa lisibilité en choisissant *Milliers* comme unité d'affichage et en choisissant *0* comme minimum *et 70 000* comme maximum de l'échelle.

Repérez les variations saisonnières sur les graphiques.

Corrigé :

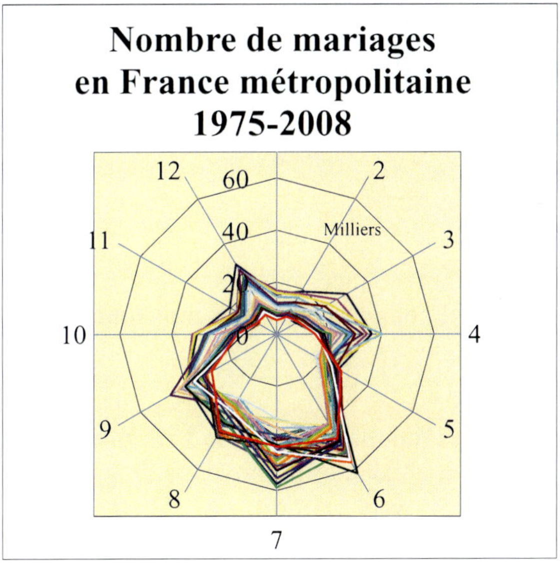

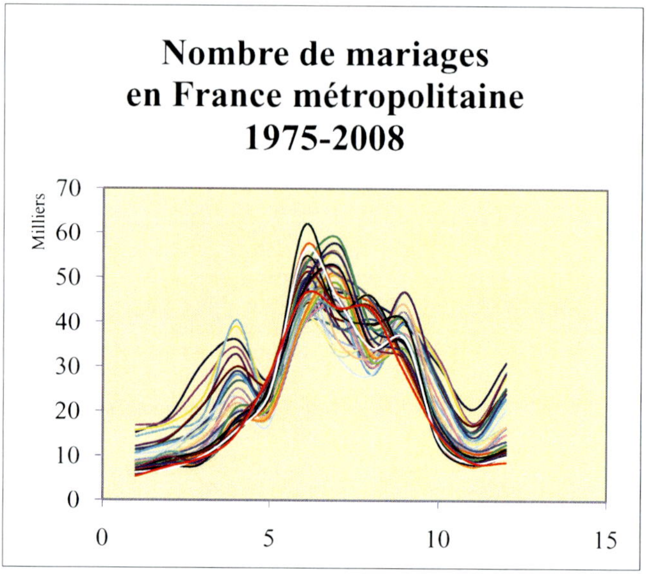

Commentaire : les graphiques montrent qu'il y a un pic important en juin juillet et des pics secondaires en avril, août, septembre et décembre. Il est à noter que le pic de décembre apparaît mieux sur le radar. Aussi est-il prudent quand on utilise des courbes, de faire deux graphiques qui prennent comme point de départ, des saisons différentes. Dans cet exemple, si on avait pris le mois 5 comme point de départ, on aurait vu le pic de décembre.

2. Recherche de la tendance

2.1. Observation des données disponibles

Pour faire apparaître la tendance, faisons un graphique des mariages de 1975 à 2008 sur lequel nous placerons des moyennes mobiles de période douze.

Définition :

Calculer des moyennes mobiles de période k sur une série chronologique $(x_1, x_2, \ldots, x_n)$ consiste à calculer la moyenne de la série $(x_1, x_2, \ldots, x_k)$, puis la moyenne de la série $(x_2, x_3\ldots, x_{k+1})$, etc. jusqu'à atteindre la valeur x_n.

On obtient ainsi une nouvelle série dont les fluctuations sont amorties. On a effectué ce que l'on appelle un lissage de la série.

Calculer les moyennes mobiles de période 12 consiste donc à calculer la moyenne des douze premières saisons de la série, puis la moyenne de la deuxième à la treizième saison, etc. ..., jusqu'à la prise en compte de la dernière saison de la série.

Affichez la feuille *3. tendance*. Construisez un graphique de type *Ligne* avec Calc, *Courbes* avec Excel, avec les années de 1975 à 2008 en abscisses et les mariages en ordonnées.

Placez sur ce graphique des moyennes mobiles de période 12.

> Moyennes mobiles
>
> Avec Calc : insérer une *courbe de valeur moyenne*. Calc choisit lui-même la période sans préciser laquelle il a choisi.
>
> Avec Excel : ajouter une courbe de tendance de type *moyenne mobile* de période 12.

Faites varier la période pour vérifier que la période 12 est bien celle qui donne la courbe de tendance la plus lisse.

Ajoutez au graphique un quadrillage secondaire, avec une unité secondaire de 5000 pour repérer les changements de tendance. Si nous observons de tels changements, nous ne conserverons que les données de la tendance qui précède 2009 pour construire le modèle.

Corrigé :

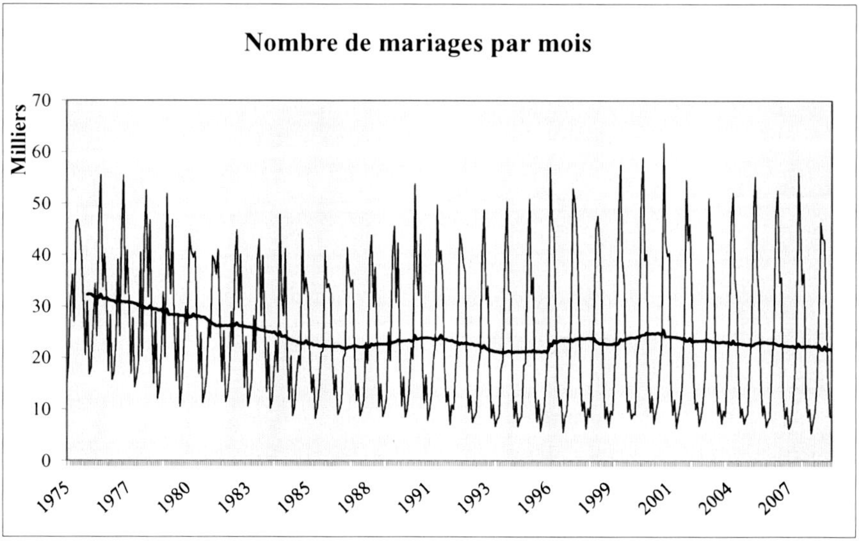

Nous observons une décroissance de 1975 à 1984 avec une stabilisation à partir de 1984, la moyenne se situant entre 20 000 et 25 000 à partir de cette date. Par suite, nous construirons le modèle avec les données de 1984 à 2008.

2.2. Régression linéaire

Construisez un nuage des mariages de 1984 à 2008 en utilisant les données de la feuille *3. tendance*, soit les mois numérotés de 109 à 406 et les mariages correspondants. Ajustez une courbe de tendance linéaire en affichant l'équation.

Introduisez la formule de calcul de la tendance dans la colonne T du premier tableau de la feuille *3. modélisation* en utilisant les coefficients de l'équation de la droite de régression.

Corrigé :

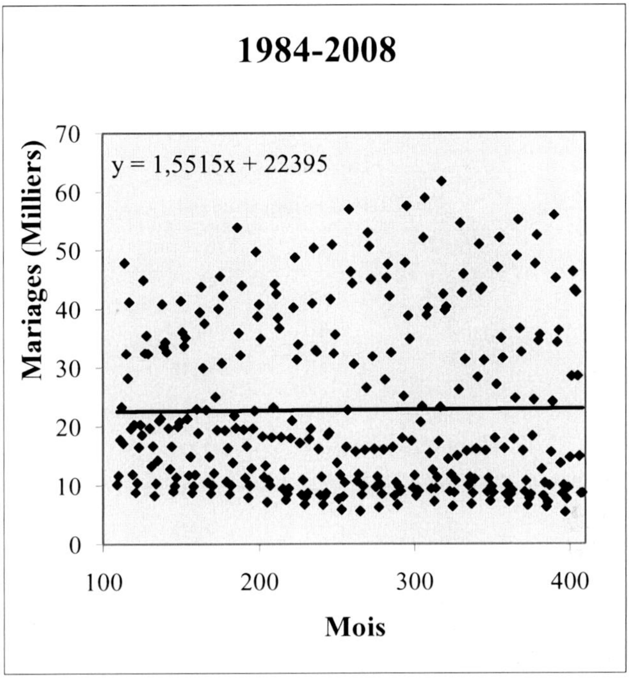

3. Modélisation des variations saisonnières

Sur le graphique qui nous a servi à rechercher la tendance, nous avons observé qu'à partir de 1984 les minima sont relativement stables avec une légère tendance à la baisse et que les maxima ont tendance à augmenter. C'est pourquoi nous retiendrons le modèle $Y_t=T_tS_t+R_t$ pour calculer les coefficients saisonniers.

Introduisez la formule de calcul des rapports saisonniers dans la colonne *Y/T* du premier tableau de la feuille *3. modélisation*.

Reportez les rapports saisonniers dans le second tableau.

Remarque : n'oubliez pas de faire un collage des valeurs.

Entrez les formules de calcul des moyennes de ces rapports pour chaque saison dans la colonne *Moyenne*.

Si cette somme est très différente de douze, dans la colonne S_t, multipliez chaque moyenne par douze et divisez-la par la somme des moyennes pour obtenir des coefficients saisonniers S_t dont la somme soit égale à douze, sinon recopiez les valeurs de la colonne *Moyennes* dans la colonne S_t.

Corrigé :

Tableau 2.

Coefficients saisonniers

Mois (t)	S_t	Moyenne
1	0,32	0,32
2	0,40	0,40
3	0,48	0,48
4	0,82	0,82
5	1,01	1,01
6	2,09	2,09
7	1,98	1,98
8	1,62	1,62
9	1,54	1,54
10	0,75	0,75
11	0,43	0,43
12	0,56	0,56
		12,00

La somme des moyennes étant proche de douze, nous avons utilisé ces moyennes comme coefficients saisonniers S_t.

4. Prévisions et validation du modèle

Recopiez dans le troisième tableau les valeurs de la tendance et des observations en 2009 et 2010 ainsi que les coefficients saisonniers.

Dans la colonne *Prévisions*, calculez les prévisions en multipliant tendance par coefficient saisonnier.

Faites un graphique sur lequel figureront les observations en traits pleins et les prévisions en traits pointillés.

Dans la colonne *Erreurs*, calculez les erreurs de prévision en soustrayant les observations des prévisions.

Dans la colonne *Erreurs relatives*, calculez les erreurs relatives.

Observez comment erreurs et erreurs relatives confirment l'impression donnée par le graphique.

On considère que le modèle est utilisable si aucune erreur relative n'est supérieure à 30%. Est-ce que vous le rejetez ?

Corrigé :

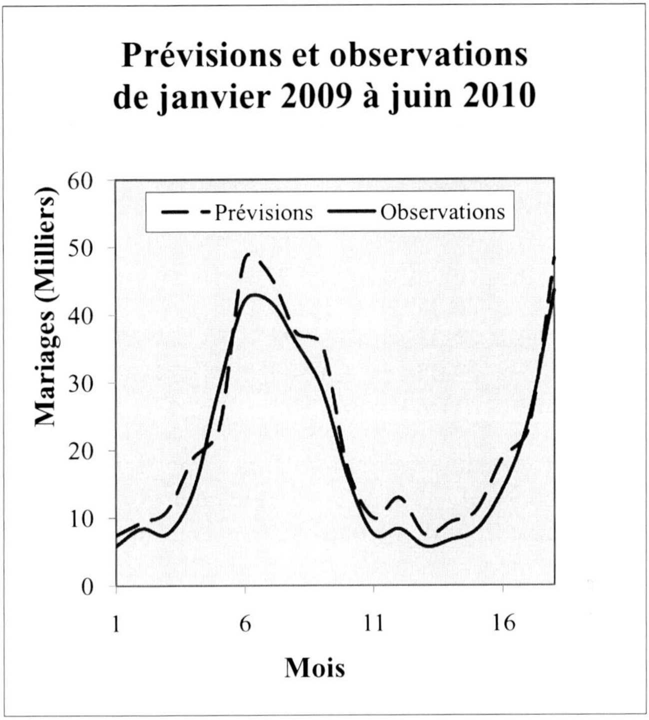

Tableau 3. Prévisions

Années	Mois	Mois	Tendance	Prévisions	Observations	Erreur	Erreur relative
		t	T	TxS	Y		
2009	1	1	23 030	7 387	5 822	1 565	27%
	2	2	23 031	9 313	8 384	929	11%
	3	3	23 033	11 040	7 618	3 422	45%
	4	4	23 034	18 882	13 898	4 984	36%
	5	5	23 036	23 170	29 179	-6 009	-21%
	6	6	23 037	48 232	42 072	6 160	15%
	7	7	23 039	45 610	41 855	3 755	9%
	8	8	23 040	37 296	35 716	1 580	4%
	9	9	23 042	35 470	28 928	6 542	23%
	10	10	23 044	17 252	15 883	1 369	9%
	11	11	23 045	9 913	7 475	2 438	33%
	12	12	23 047	12 904	8 321	4 583	55%
2010	1	13	23 048	7 393	5 700	1 693	30%
	2	14	23 050	9 320	6 700	2 620	39%
	3	15	23 051	11 049	8 200	2 849	35%
	4	16	23 053	18 898	14 200	4 698	33%
	5	17	23 054	23 189	24 600	-1 411	-6%
	6	18	23 056	48 271	43 500	4 771	11%

On observe que si certaines erreurs relatives sont faibles, d'autres sont importantes (45%, 55%). Avec le critère de sélection retenu, le modèle est rejeté. Une étape complémentaire consisterait alors à rechercher un modèle plus performant, mettant en œuvre des techniques plus élaborées qui dépassent le cadre de cet ouvrage, comme la prise en compte de corrélations entre les résidus.

5. Représentation graphique du modèle

Placez sur un graphique observations et estimations données par le modèle. Pour cela, introduisez les estimations faites par le modèle dans la colonne *Estimations* du premier tableau de la feuille *3. modélisation*.

Corrigé :

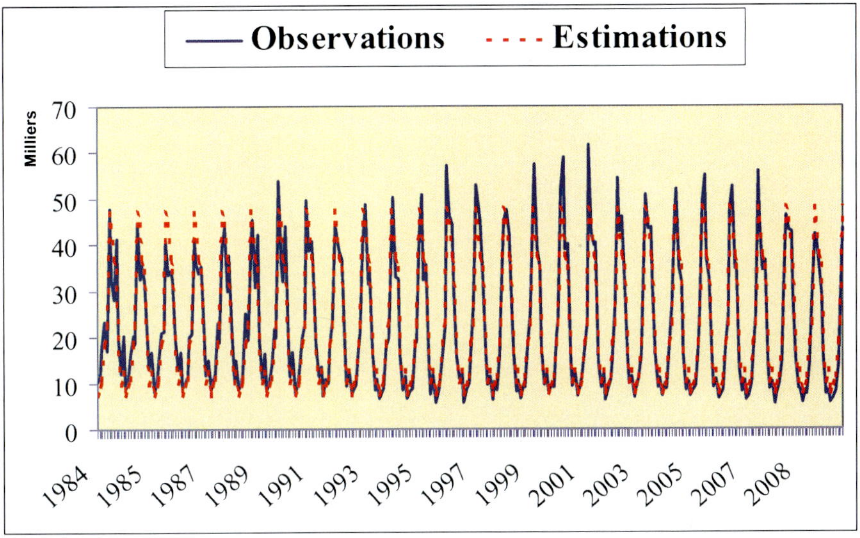

On observe que globalement le modèle s'ajuste aux fluctuations saisonnières.

INDEX

caractère 12
caractère discret 13
caractère qualitatif 12
caractères continus 13
caractères quantitatifs 12
coefficient de corrélation 137
coefficient de détermination 131, 142
coefficient de Gini 53
coefficient de variation 71
corrélation 120, 131
corrélation de variables ordinales 157
courbe de Lorenz 44
cycle 176
déciles 40
écart-type 69
effectifs 13
effets de structure 59
élasticité 155
étendue 39
flux 171
fonction
  droite 104
  exponentielle 106
  logarithme népérien 106
  puissance 112
fréquence 16
indices élémentaires 75
intervalle interdécile 42
intervalle interquartile 44
lissage 199
médiale 37
médiane 35
méthode des moindres carrés 164
mode 96
modèle 102

moyenne
arithmétique 53
géométrique 64
harmonique 66
quadratique 67
moyennes mobiles 198
multiplicateur annuel moyen 89
nuage de points 99
opérateur somme 34
point et pourcentage 87
population 11
quantiles 44
quartiles 43
rapport interdécile 41
rapport interquartile 44
régression
droite de régression 122
nuages non linéaires 124
régression linéaire 120
résidus 176
séries chronologiques
définition 171
stock 171
taux de croissance moyen 88
taux de variation 81
tendance
définition 173
modélisation 176
unités statistiques 11
variance 69
variation accidentelle 175
variations saisonnières
définition 175
modélisation 184
période 176

Faites-nous part de vos remarques, critiques, suggestions à auteurs@cepadues.com

Achevé d'imprimer en France
en août 2011 chez Messages SAS
111, rue Nicolas-Vauquelin • 31100 Toulouse
Tél. : 05 61 41 24 14 • Fax : 05 61 19 00 43
imprimerie@messages.fr